铜合金板带材加工技术问答

韩卫光　刘海涛　主编

中南大学出版社
www.csupress.com.cn

图书在版编目(CIP)数据

铜合金板带材加工技术问答/韩卫光,刘海涛主编.
—长沙:中南大学出版社,2013.3
ISBN 978 - 7 - 5487 - 0719 - 6

Ⅰ.铜...　Ⅱ.①韩...②刘...　Ⅲ.①铜合金 - 板材轧制 -
生产工艺 - 问题解答②铜合金 - 带材轧制 - 生产工艺 - 问题解答
Ⅳ.TG335.5 - 44

中国版本图书馆 CIP 数据核字(2012)第 274383 号

铜合金板带材加工技术问答

韩卫光　刘海涛　主编

□责任编辑	刘颖维	
□责任印制	文桂武	
□出版发行	中南大学出版社	
	社址:长沙市麓山南路	邮编:410083
	发行科电话:0731-88876770	传真:0731-88710482
□印　　装	长沙利君漾印刷厂	

□开　　本	880×1230　1/32	□印张 6.75	□字数 180 千字
□版　　次	2013 年 3 月第 1 版	□2013 年 3 月第 1 次印刷	
□书　　号	ISBN 978 - 7 - 5487 - 0719 - 6		
□定　　价	22.00 元		

前　言

我国已经成为世界上最重要的铜材生产、消费和贸易大国，2010年铜加工材产量首次突破了 1000 万 t，铜加工材的品种不断增加、产品质量不断提高、技术创新日益活跃，建设了几十条现代化的生产线，工艺、技术、装备水平不断提高，一大批高精尖产品满足了国内经济建设的需要。

铜板带是铜加工材中应用范围最广的品种之一，所占比例达到18% 以上，它也是当前所有铜加工材中投资最大、生产难度最高的产品。自 2004 年以来，我国铜板带的生产与消费一直稳居世界第一，但其中高档铜板带仍需大量进口，2012 年 1—6 月，铜板带材的净进口量仍达到 5 万 t 以上。其差距不仅在生产工艺技术和工序质量控制上，更为重要的是在企业管理水平和员工素质上有待提高。

然而，随着铜板带加工技术的发展，既有熟练操作技能，又有一定理论知识的高级技术工人显得日益紧缺，因此，加快普及技术工人铜板带加工基础理论知识和操作技巧、加强工人的技术培训是当务之急。在此背景下，我们编写了本书，希望能为铜加工行业的发展尽微薄之力。

本书深入浅出地介绍和总结了铜板带材生产的基础理论知识和实践经验，简洁而又系统地介绍了铜板带产品的技术要求、生产工艺和质量控制要点。可以作为铜板带加工企业的职工岗位培训教材或管理人员的参考读物。

全书共分 5 章：第 1 章为铜合金板带材生产基本概念和基础理论；第 2 章为铜合金板带材轧制技术；第 3 章为铜合金板带材热处理及精整技术；第 4 章为铜合金板带典型产品技术要求及生产工艺；第 5 章为铜合金板带材检测技术及质量控制。

本书由韩卫光、刘海涛主编，王军峰、任玉波、孙永辉、李宝乐参与了部分章节的编写和审稿工作。

1979 年出版的《重有色金属材料加工手册》、2002 年出版的《铜及铜合金加工手册》以及 2007 年出版的《铜加工技术实用手册》凝聚着我国铜加工行业几代工作者智慧的结晶，也为本书的编写与出版提供了很好的基础，本书部分内容参阅和引用了上述著作的精华，在此，我们对上述著作的编者表示真诚的感谢！

由于作者水平所限，书中难免有不妥之处，我们诚恳地欢迎专家和读者不吝赐教，批评指正。

编者

2012 年 9 月

目　录

第1章 铜合金板带材生产 基本概念和基础理论

1.1 铜合金板带材生产的基本概念

1. 铜合金板带材主要应用领域有哪些?

铜及铜合金板带材由于生产自动化程度高,生产效率高,产品性能优良,成本相对较低,同时铜合金还具备优良的导电导热性、耐蚀性、耐磨性以及易成形性等特点,因此,铜及铜合金板带材广泛应用于国民经济、科技开发、日常生活等各个领域。

(1)电子、电气领域

铜的导电率较高,仅次于银,约是铝的1.6倍。因此,电子、电气领域成为铜及铜合金板带材最重要的应用领域之一,如各类电缆外导体用的电缆带,生产箔绕式(干式)变压器用的变压器带,电子接插件用的铜合金带,微电机整流子用的铜带,生产各类电子线路、集成电路用的框架材料铜带,真空系统、电工仪表、电话、电视、电脑等装备中常用精密铜及铜合金带制成关键部件(如弹性元件、电真空器件等)。

(2)建筑及交通运输领域

铜及铜合金板带材不需要经常维护、易于安装,在现代建筑工程中得到广泛应用,如建筑配件、装饰件、屋面板等越来越多。

铜及铜合金板带材产品在交通运输领域也十分重要,广泛应用于汽车、航海、造船及海洋工业中,如汽车水箱带、军舰上用的热交换器等。

（3）机械、仪表领域

铜及铜合金板带材以其高强、耐磨、耐蚀以及弹性好等优点，成为机械、仪表领域用弹片、耐磨齿轮、轴承、仪表元件等重要选材之一。

（4）轻工业及日用品领域

铜及铜合金板带材因其色泽美观，耐蚀性、耐磨性能好，在纺织（纺织用印染铜板、卡箍等）、化工（换热器铜带）及日用五金用品（如拉链、钮扣、餐具、灯头、手把及锁件等）等方面应用广泛。

（5）其他领域

如在军事工业中，精密铜及铜合金带是用于制作雷管、底火帽、穿甲弹以及雷达、军舰、核潜艇、核反应堆等装置中不可缺少的材料之一。另外，在造币行业用于制作硬币、纪念币及奖牌、奖章、奖杯等。

2. 铜合金板带箔材是怎样划分的?

板带箔材的划分主要是根据其外形尺寸决定的，目前我国生产的铜合金板带箔材的尺寸范围见表 1 - 1。

表 1 - 1 板带箔材的划分

产品	尺寸范围(厚×宽×长)/mm	厚度允许偏差/mm
热轧板	$(4 \sim 50) \times (200 \sim 3000) \times (1000 \sim 6000)$	$-0.45 \sim 3.5$
冷轧板	$(0.2 \sim 10) \times (200 \sim 2500) \times (800 \sim 3000)$	$-0.06 \sim -0.8$
带材	$(0.005 \sim 1.5) \times (10 \sim 1000) \times (3000 \sim 100000)$	$-0.01 \sim -0.14$
箔材	$(0.005 \sim 0.05) \times (10 \sim 300) \times (5000 \sim 500000)$	$\pm 0.001 \sim {}^{+0.004}_{-0.005}$

3. 什么是压力加工?

压力加工是利用金属在外力作用下所产生的塑性变形，来获得具有一定形状、尺寸和力学性能的原材料、毛坯或零件，又称金属塑性加工。

压力加工可以分为轧制、锻造、挤压、拉拔、冲压、旋压等。铜板带材的生产方式主要是轧制，也有部分产品工艺采用锻造或挤压，如锻压法生产异型带、连续挤压法生产铜排等。

（1）压力加工的优点

①压力加工可使材料结构致密，组织改善，性能提高，强度、硬度、韧性提高。②少、无切削加工，材料利用率高。由于提高了金属的力学性能，在同样受力和工作条件下，可以缩小零件的截面尺寸，减轻质量，延长使用寿命。③可以获得合理的流线分布。④多数压力加工方法，特别是轧制、挤压，金属连续变形，且变形速度很高，所以生产率高。

（2）压力加工的缺点

①热加工产品由于氧化，一般表面质量差。②相对而言，不能成形形状复杂工件。③设备庞大、价格昂贵。④强度大、噪音大，劳动条件差。

4. 化学成分对合金性能有什么影响？

（1）化学成分对合金力学性能、物理性能的影响

二元合金室温平衡组织主要有两种类型：①单相固溶体；②两相混合物。

固溶体的性能不仅取决于溶剂金属本身的性质，还取决于溶质的类型和溶入量。对于一定的溶剂和溶质，总的规律是溶入溶质越多，强度和硬度越高，电阻越大。

两相混合物的机械性能和物理性能大致是两个组成相的平均值。当两相形成共晶组织或共析组织时，则组织越细致（片间距小），强度和硬度越高，电阻越大。

（2）化学成分对合金加工性能的影响

一般呈单相固溶体的合金具有较高的塑性，能较好地承受压力加工（锻造、轧制或冷拔等）。若为两相机械混合物的合金，由于各相的变形能力不同，造成一相阻碍另一相的变形，使塑性变形阻力增

加，因而共晶体的压力加工性最差。

此外，一相在另一相基体上的分布状况也显著影响机械混合物的塑性。例如硬而脆的第二相，若在第一相的晶界呈网状分布时，合金脆性很大，当硬而脆的第二相以颗粒状均匀地分散在基体金属中，则其塑性较前者大为增加，此时合金的塑性和韧性主要取决于基体金属。

若硬而脆的第二相以针状或片状分布在基体金属内，则塑性和韧性介于上述两者之间，且强度较高。

5. 轧制对金属的组织和性能有什么影响？

热加工与冷加工的区分应以金属的再结晶温度为界限，即在其再结晶温度以上的加工变形为热加工，反之在其再结晶温度以下的加工变形为冷加工。

（1）热轧对金属的组织和性能的影响

由于热变形可以实现大的变形量，可以改善金属组织和性能，其影响主要为：①可使铸态金属中的缩孔焊合，从而使其致密度提高。②可使铸态金属中的粗大枝晶和柱状晶破碎，从而使其晶粒细化，力学性能得以提高。③可使铸态金属中的粗大枝晶偏析和非金属夹杂的分布发生改变，使它们沿着变形的方向细碎拉长，形成所谓热加工纤维组织，从而使金属的力学性能具有明显的各向异性，纵向的强度、塑性和韧性显著大于横向。

实际生产中，热加工的温度范围需要根据该金属或合金的相图、高温塑性图等确定。一般热加工的温度范围是其熔点绝对温度的 $0.75 \sim 0.95$ 倍。

（2）冷轧对金属的组织和性能的影响

在冷变形过程中，随着金属外形的改变，其内部各个晶粒的形状也发生相应的变化，被拉长、拉细或压扁，出现晶粒破碎的亚结构和晶内、晶间裂纹、孔洞等组织缺陷。在较大的冷变形情况下，晶粒由无序状态变为有序状态，出现加工织构。

冷变形后金属的性能会发生一定程度的变化：由于冷加工变形

后组织发生了晶内、晶间的破坏，晶格产生了畸变以及出现了残余应力，使金属塑性指标急剧下降，强度指标明显提高（加工硬化），而且容易出现应力腐蚀倾向。同时，由于出现加工织构使金属在后续加工过程中出现各向异性。冷加工还会造成金属导电率及化学稳定性出现不同程度的降低。

（3）加工性能

塑性与变形抗力是确定合金加工性能的主要依据，塑性反映金属变形能力的大小，变形抗力则表示金属变形的难易程度。主要取决于变形合金的成分和组织状态（包括杂质含量、合金相转变、晶粒的大小形状及分布均匀性、内部缺陷等）及具体的变形条件。一般来说，大多数工业用变形合金都是单相固溶体或者含第二相不太多的多相合金，一般出现变形抗力增加及塑性降低的现象。但当脆性相及易熔杂质不均匀分布在晶界时，会同时出现塑性及变形抗力降低的情况。

在分析轧制金属组织和性能的变化时，往往利用或绘制合金的状态图、再结晶图、塑性图、变形抗力图、力学性能图，这类图反映了轧制合金的成分、组织及性能与加工变形及热处理的内在关系，当生产中的具体加工条件（变形程度、变形温度、变形速度等）与图中的试验条件相同或相近时，在生产中利用这类图可以直接获得较精确的结果。

6. 影响塑性的因素有哪些？

金属在外力作用下产生永久变形而不被破坏的性能叫做塑性。塑性主要取决于其化学成分和组织状态，其次还与变形条件（变形温度、变形速度、变形程度、应力状态和周围介质）有关。度量塑性的常见指标有延伸率、断面收缩率、冲击韧性以及反复弯曲次数、杯突深度等。

（1）温度的影响

温度升高时，多数金属或合金的塑性提高，但当温度接近熔点时，由于晶间物质的强度丧失和液相的出现，塑性降低。对某些合金来说，在塑性图上有一个中温脆性区，这是由于脆性组成物的析出，晶间物质的个别组成物强度显著降低，晶界处有易熔杂质熔化，固溶体分解并析出脆性相或力学性质显著不同的相，等等。

（2）变形速度的影响

一般变形速度增加，塑性降低，变形过程的快慢对物理化学变化是否充分有影响。对热变形而言，变形速度快，回复及再结晶来不及进行，塑性降低；但有时由于可以抑制脆性相的析出，塑性提高。变形速度还通过变形热效应改变金属温度从而影响塑性。如果变形温度处于略低于脆性区的温度，则高变形速度可能使变形温度升到脆性区范围，从而降低塑性。

（3）变形程度的影响

热变形时锭坯的铸造组织得到改善，金属的塑性有所提高，通常要求热变形总加工率不小于80%，以保证改善锭坯的组织和性能。冷变形时，随着变形程度增加，由于加工硬化使塑性降低。

（4）应力状态的影响

金属的破断往往是由于拉应力作用的结果，因此应力状态中的三向压应力越强烈，则变形金属的塑性越好。轧制时由于不均匀变形，产生的拉应力使塑性降低。

7. 变形抗力的影响因素有哪些？

变形抗力也称变形阻力，是金属抵抗塑性变形的能力。变形抗力通常用单向拉伸试验屈服强度 $R_{p0.2}$ 表示。

（1）温度的影响

随着温度升高，变形抗力下降。其原因在于随着温度升高，原子热振动加剧，降低了滑移面临界切应力。

（2）变形速度的影响

变形速度对变形抗力的影响是与温度联系在一起的。当变形温度低于1/4合金熔点时，变形速度对变形抗力几乎没有影响。当温度升高时，变形速度的影响逐渐显著，随着变形速度增大变形抗力升高。其原因在于高温变形时，同时存在硬化和软化过程，高速变形使软化时间很短以致来不及软化，变形抗力升高。

　　但有时提高变形速度，反而降低变形抗力。这是由于变形热来不及散失，提高了变形金属的温度。变形速度越大，散热时间越短，热效应越大，变形金属的温升也越显著。特别在低温高速的情况下，低温时变形抗力高，变形功大，转变成的热量也多，随着变形速度增大变形抗力降低。

　　（3）变形程度的影响

　　由于加工硬化，随着变形程度增加，变形抗力明显增高。冷轧时变形抗力主要由变形前合金的变形抗力和轧制时的变形程度大小决定，一般不必考虑变形温度及变形速度的影响。热轧时主要考虑变形温度及变形速度，以及变形程度大小的影响。

　　（4）晶粒大小的影响

　　细晶粒金属不仅强度高，而且塑性、韧性也好。因为晶粒越细，在一定体积内的晶粒数目越多，则在同样的变形量下，变形被分散在更多的晶粒内进行，同时每个晶粒内的变形也比较均匀，而不致产生应力过分集中的现象。此外，晶粒越细，晶界就越多越曲折，越不利于裂纹的传播，从而在断裂前可以承受较大的塑性变形，即表现出较高的塑性和韧性。

　　但是，实际使用的某些材料，考虑到各种具体要求，并不是晶粒越小越好，而是有一定的尺寸要求。例如，深冲用黄铜，若晶粒太细，则加工硬化速度太快，也容易引起破裂。因此，晶粒应适当粗大些。

8. 什么是织构？铜合金材料的织构有什么特点？

　　（1）织构

　　晶体在外界条件（变形、冷凝、电解及热处理等）作用下，沿某些晶体位向的择优取向称作织构。按形成方式，可分为铸造织构、形变织构和退火织构。按照坯料或制品的外形，形变织构可分为丝织构和板织构。

板织构又称轧制织构。在轧制条件下形成的织构称为板织构。板织构不仅晶粒的晶向平行轧制方向，而且某一结晶学平面平行于板材表面。

具有冷变形织构的材料进行退火时，由于晶粒位向趋于一致，总有某些位向的晶粒易于形核及长大，故形成具有织构的退火组织，称为退火织构或再结晶织构。退火织构的金相组织为等轴晶，但它们的取向又是一致的。

织构的类型和强度可用 X 射线衍射方法测得，图 1 - 1 是纯铜板 X 射线衍射图。图 1 - 1(a)是加工织构(开始再结晶)，图 1 - 1(b)是退火织构(完全再结晶)。

(a)   (b)

图 1 - 1   纯铜板 X 射线衍射图

(2)铜合金材料的织构特点

对于铜合金来说，加工率越大和最终退火温度越高，制品的织构越明显，各向异性现象越严重。通常产生织构的铜板带，在其平行于轧制方向和垂直于轧制方向的延伸率最小，在轧制的 45°方向延伸率最大。若用这种铜板带进行冲压时(如弹壳、穿甲弹药型罩、电池冒和各种冲压器皿)，则制品的口部会出现波浪形起伏，一般称为"制耳"或"冲耳"。若退火后出现再结晶织构的板材冲压时，则沿 0°或 90°方向出现"制耳"。

为了减小"制耳"和提高板材的利用率，一般采用适当的加工率和适中的退火温度，尽可能降低织构强度，从而使材料的方向性尽可能地小。也可以采取相反的工艺，即采用大加工率和高温退火，使加工织构得到适当保留并得到与其相当的退火织构，同样也可以获得各向异性最小的材料。后一种工艺可以减少中间退火、节约能源、提高生产效率，是运用织构组合指导生产实践的典型例证。

9. 什么是残余应力？怎么消除？

（1）残余应力

在外力消除后仍保留在金属内部的应力称为残余应力或内应力。残余应力是由于金属的不均匀变形和不均匀的体积变化造成的。残余应力按内应力作用范围，可分为宏观内应力（第一类残余应力）、晶间内应力（第二类残余应力）和晶格畸变内应力（第三类残余应力）。

①宏观内应力。当金属发生不均匀变形，物体的完整性又限制这种不均匀变形的自由发展时，在金属物体内大部分体积之间产生互相平衡的应力，这种因变形不均匀所出现的应力称为宏观内应力。它是由工件不同部分的变形不均匀性引起的，故其应力平衡范围包括整个工件。例如，将金属棒水平方向施以弯曲载荷，则上边受拉而伸长，下边受到压缩；变形超过弹性极限产生了塑性变形时，则外力去除后被伸长的一边就存在压应力，缩短的一边为张应力。这类残余应力所对应的畸变能不大，仅占总储存能的0.1%左右。

②晶间内应力。由于金属各晶粒的空间取向不同，在发生变形时，相邻的两个晶粒发生了不均匀变形，两者之间相互制约而产生平衡，阻碍变形的自由发展，变形结束后残留在晶体内形成晶间内应力。它是由晶粒或亚晶粒之间的变形不均匀产生的。其作用范围与晶粒尺寸相当，即在晶粒或亚晶粒之间保持平衡。这种内应力有时可达到很大的数值，甚至可能造成显微裂纹并导致工件破坏。

③晶格畸变内应力。变形不均匀不仅表现在各晶粒之间，因受其周围晶粒影响不同，在同一晶粒各个部位也存在变形不均匀，产生一定晶格畸变，限制变形的自由发展，变形后残留在晶粒内部形成晶格畸变内应力。其作用范围是几十至几百纳米，它是由于工件在塑性变形中形成的大量点阵缺陷（如空位、间隙原子、位错等）引起的。变形金属中储存能的绝大部分（80%～90%）用于形成点阵畸变。这部分能量提高了变形晶体的能量，使之处于热力学不稳定状态，导致塑性变形金属在加热时的回复及再结晶过程。

（2）残余应力消除

残余应力会导致工件变形、开裂、部分尺寸或形状改变，缩短工件的使用寿命。为了消除残余应力，一般采用热处理法和机械处理法。允许退火的金属材料可以采用退火的方法消除残余应力。消除残余应力的退火一般在较低的温度（低于再结晶温度）下进行，即回复期，此时残余应力可大部分消除，而不会引起材料强度的降低；在较高温度下退火虽然能彻底消除残余应力，但会造成金属力学性能改变，特别是强度的降低和制品晶粒的粗化。机械处理法是在制品的表面再附加一些表面变形，使之产生新的压副应力以抵消制品内的残余应力或尽量减小其数值。当材料表面有拉伸残余应力时才可以采用该方法。例如带材的拉弯矫、张力退火等均是消除残余应力的有效方法。

10. 铜合金板带材生产方法有哪些？各有什么特点？

铜合金板带材的生产方法大体上有 4 种：热轧开坯法、水平连铸带坯法、冷轧开坯法和热挤压开坯法。而其后续的加工方法则都是相同的，其工艺流程大体为：板（带）坯→（铣面）→粗轧→退火→精轧→精整→（退火）→成品。

热轧开坯是将铜及铜合金铸锭或锻坯加热到再结晶温度以上，并在热加工塑性区的温度范围内轧制成（板）带坯。该方法可以充分利用合金的高温塑性好和变形抗力小的特点，生产率高，能耗小，可提供大卷重、长尺寸的带坯。带坯厚度为 4 ~ 18 mm，宽度为 200 ~ 1250 mm。除少量不宜热轧的锡磷青铜、锡锌铅青铜和高铅黄铜外，可生产所有的铜及铜合金。目前世界上 90% 以上的铜及铜合金带坯都是采用热轧开坯生产的。

水平连铸带坯多用于不易热轧的锡磷青铜、锌白铜、锡锌铅青铜和铅黄铜等带坯的生产，或小规模的生产普通黄铜带坯以及氧含量低于 0.005% 的紫铜带坯，它省去了热轧工序和相应的设备投资，生产周期短，能提供长尺寸带坯。带坯的厚度一般为 12 ~ 20 mm，宽度为 320 ~ 650 mm，最宽达 850 mm。不足之处是单台设备的生产能力小，可生产的合金品种和规格有局限性，不宜多品种、高产能、大规格的批量生产。

冷轧铸锭开坯是生产铜合金板带材最早的方法。20 世纪 20—30 年代，几乎所有的铜合金板带材均以 30～40 mm 厚的扁锭进行冷轧开坯生产。冷轧后带坯厚度为 8～10 mm。这种工艺轧制时变形抗力大、轧制道次多、需要经过多次中间退火，生产效率低，能耗大。随着冶炼技术的发展，金属纯度的提高和对有害杂质的控制，大部分铜合金逐步改为热轧开坯。必须冷轧开坯的仅为热轧易开裂，产量不太大的少数复杂合金。

热挤压开坯是 20 世纪 60 年代日本、英国用于生产紫铜、黄铜和铅黄铜窄带开发的。带坯的厚度为 5.0～8.5 mm，宽度小于 250 mm。挤制带坯的表面和尺寸精度均优于热轧开坯。在允许宽度范围内便于调整带坯规格。不足之处是挤压压余、窄带切边和挤压缩尾等几何损失较多，带材的成品率低于热轧开坯。这种方法适用于月产量 1000 t 左右的紫黄铜生产线。

11. 铜合金热轧开坯与水平连铸相比有什么优缺点？

（1）优点

①热轧开坯金相组织和水平连铸带坯有明显区别。水平连铸带坯中间层是呈羽毛形柱状晶分布的铸造组织；而热轧带坯是经过 90% 以上热变形的加工组织，带坯的晶粒细密，各项性能均一。②热轧开坯可将铸锭的部分缺陷如疏松、缩孔和晶间裂纹等焊合。③对于需要固溶处理的合金，如 Cu－Cr－Zr、Cu－Fe－P 等，因采用了热轧后淬火，满足了将高温相保留到常温，晶内呈单相组织分布，以利于后续加工或改善其物理性能。

（2）缺点

①热轧开坯不适用于偏析严重或存在中间热脆区的合金材料，如：锡磷青铜、锌白铜等合金。②能耗较高，设备投资较大，生产周期较长。

12. 热处理的作用是什么？铜合金的热处理工艺有哪些？

热处理是将金属放在一定介质中（如盐浴、保护性气体或大气等），通过加热、保温、冷却的操作方法，来改变金属内部的组织结构以获得所要求的工艺性能和使用性能的一种加工技术。

热处理的主要作用有：①消除产品铸造过程中成分不均、铸造应力和组织偏析的缺陷；②消除应力、降低工件硬度、改善后续加工性能；③使产品获得特定的组织和良好的综合性能，等等。

由于铜合金没有同素异构转变，因此其热处理与钢铁热处理相比要简单得多。铜及铜合金最常见的热处理工艺类型可分为均匀化退火、中间退火、固溶－时效处理、成品退火、去应力退火等。

热处理之所以能使材料的性能发生巨大的变化，主要是由于经过不同的加热与冷却过程，使材料的内部组织发生了诸如回复（消除晶格畸变）、再结晶、相变等变化。

13. 什么是铜合金的均匀化退火？

均匀化是将铸锭或铸件加热到高温（一般比合金的固相线温度低100～200℃）长时间保温并进行缓慢冷却，使铸锭或铸件化学成分和组织均匀化的过程。均匀化的对象是铸锭或铸件，其目的是借助高温时原子的扩散来消除或减小在实际结晶条件下，铸锭或铸件的晶内化学成分不均匀和偏离于平衡的组织状态，进而改善合金的加工性能和最终使用性能。均匀化退火过程是一个原子扩散的过程，因此均匀化退火也称扩散退火。

铸锭经均匀化退火后，室温下塑性提高并使冷、热加工性能大为改善。由此可降低铸锭热轧开裂的危险、改善热轧板带的边部质量、提高挤压速度；同时，由于降低了变形抗力，还可减少变形功消耗、提高设备生产效率。另外，半连续或连续铸锭往往存在较大的残余应力，影响铸锭的锯切、铣面等机械加工的顺利进行（因可能发生翘曲等弊端），如果残余应力过大，还可能造成铸锭爆裂，危及操作人员及设备的安全。均匀化退火可消除铸锭内的残余应力，改善铸锭

的机械加工性能。因此，对于残余应力较大且需要进行均匀化退火
的铸锭，锯切、铣面等工序应在均匀化退火后进行。

均匀化退火的主要作用是：①减小制品的各向异性；②消除铸锭化
学成分显微不均匀性，提高制品的耐蚀性能；③提高铸锭室温下的塑
性，改善铸锭的冷、热加工性能；④降低铸锭热轧开裂的危险，改善热
轧板带的边部质量；⑤降低了变形抗力，减少变形功消耗，提高设备生
产效率；⑥消除铸锭内的残余应力，改善铸锭的机械加工性能。

均匀化退火最主要的缺点是费时耗能，其次是高温长时间处理
可能出现变形、氧化以及吸气等缺陷。

14. 什么是回复退火？

回复是指冷变形后的金属在低温加热时（纯金属一般低于
$0.3T_{熔}$），晶粒的形状和尺寸并不发生任何变化，但金属的某些性能
以及晶粒的内部结构却发生了显著变化。一般把变形金属缺陷的密
度和分布改变的过程称为回复，把以回复过程为主的热处理工艺称
为回复退火。

回复过程的本质是点缺陷运动和位错运动的组合，回复不能使
合金变形储能完全释放，因此，回复退火一般不会使纯铜塑性提高、
屈服强度和抗拉强度降低（如图 1 - 2 中曲线 2）。

金属的本质不同，它们在回复阶段的性能变化也有不同特点。
图中所示是不同金属的强度性能在回复阶段变化的 3 种典型情况。
由图可见，在回复阶段，加工硬化可相当完全地保留（曲线 1）、部分
保留（曲线 2）或几乎完全消失（曲线 3）。

某些金属在回复温度下退火，硬度、强度特别是弹性极限不仅不
降低，反而升高［图 1 - 2(b) 中的虚线］，这种现象称为低温退火时的
硬化效应。生产中可利用这种效应提高弹簧的弹性极限。

大多数铜基及镍基合金存在这种硬化效应，硬化值与合金的成
分和冷变形程度有关。固溶体浓度越高，硬化值越大；冷变形程度越
大，硬化值越大。

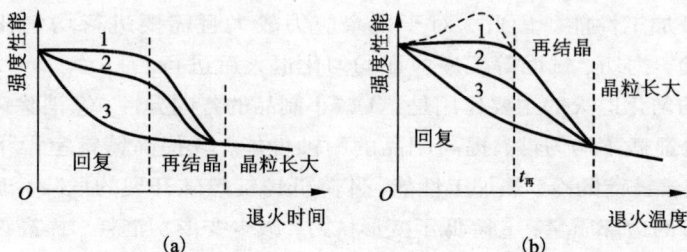

图 1 - 2　强度性能与退火时间(温度恒定)及退火温度(时间恒定)的关系

生产中,回复退火一般作为半成品或成品的最终处理工序,以消除应力或保证制品的强度与塑性的良好结合。

15. 什么是再结晶退火?

再结晶指当冷变形的金属加热到一定温度后,在原来的变形组织中会产生新的无畸变的等轴晶粒,同时性能也发生明显的变化,并恢复到完全软化状态,这个过程称为再结晶。

在回复的基础上,退火温度升高或时间延长,亚晶的尺寸逐渐增大,位错缠结逐渐消除,呈现鲜明的亚晶晶界,在一定条件下,亚晶可以长大到很大尺寸(约 10 μm),这种情况称为再结晶。

把冷变形金属加热到再结晶温度以上,使其发生再结晶的热处理操作称为再结晶退火。生产中,再结晶退火主要用于成品和冷加工过程中间,用于成品(成品退火)是为了获得软态制品,用于冷加工过程中间(中间退火)是为了恢复金属的塑性以便于继续加工。

再结晶温度通常定义为:经过大变形量(大于 70%)的冷变形金属,在 1 h 保温时间内能完成再结晶(大于 95% 转变量)的最低温度。

16. 什么是固溶 - 时效热处理?

(1)固溶处理

铜合金一般在高温时含有较多的能溶入铜中的合金元素,在共晶点温度下达到极限值。图 1 - 3 是典型的具有溶解度变化的二元铜合金相图。成分为 C_0 的合金,在室温时为 $\alpha + \beta$ 两相组织。α 为基体

固溶体, β 为第二相。合金加
热至 T_q 时, β 相将溶入基体
而得到单相的 α 固溶体, 这
种加热处理称为固溶处理。

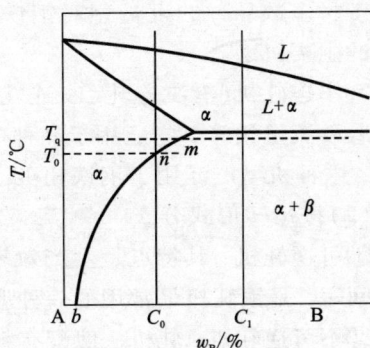

图 1-3 典型二元铜合金相图

在非平衡状态下, 即将
合金在高温时所具有的过饱
和状态的组织以过冷的方式
使其保留至室温的热处理操
作叫淬火。淬火适用于在不
同温度下其固溶度有较大变
化的合金, 通过采用快速冷
却的方式, 使其产生非平衡态的凝固, 保留至室温的过饱和状态的组
织是亚稳状态组织。

如上所述, 固溶热处理和淬火本来是两个过程, 但习惯上, 人们
称该工艺为固溶处理。凡是固溶度随着温度有较大改变的铜合金,
原则上均可进行固溶处理。

(2) 时效处理

固溶处理后合金得到的是亚稳定的过饱和固溶体, 因此存在向
稳定状态自发分解的趋势, 有些合金在室温就可分解, 但大多数合金
需要加热到一定温度才能分解。这种室温保持或加热以使过饱和固
溶体分解的热处理称为时效或回火。在室温下进行的时效称为自然
时效; 在加热到一定温度下进行的时效称为人工时效。

自然时效可以在固溶处理后立即开始, 也可以经过一定的孕育
期才开始。不同合金的自然时效速度有很大区别, 有的合金仅需数
天, 而有的合金则需数年才能趋于稳定状态。

17. 轧机有哪些类型? 其主要特点分别是什么?

轧机有很多种类型, 分类方法也很多。

(1) 按轧机组合形式分

①单机架轧机: 这种轧机生产机动灵活, 适用于多品种小批量。

铜加工材多数品种的批量相对钢铁和铝较小，因此单机架成为铜带轧机的主要机型。

②串连轧机（有二连轧、三连轧等）：这种机型各机架之间要求被轧金属秒流量相等。它适用于品种单一、规格变化少、产量大的品种生产，这种机型广泛用于钢铁轧机，在铜加工企业中也有选用。

（2）按运转形式分

①可逆轧机：其特点是生产效率高，减少了上卷、卸卷次数，辅助时间短，是铜轧机最常用的一种形式。

②不可逆轧机：轧机一般配有料卷返回机构，这种生产方式可将料卷分组，可使同组编批的数个料卷的厚度公差相对一致，料头料尾损失少。铜带粗轧机有时也采用这种形式。

（3）按轧机轧辊数分

①二辊轧机：其辊型主要靠磨辊来保证。多用于热轧机，开坯轧机等。

②三辊轧机：三辊轧机也有两种配置形式，3个轧辊辊径相等的称为等径轧机，中间辊小的称劳特轧机。劳特轧机上辊缝轧制时上辊和中间辊是工作辊，下辊起支承辊作用；下辊缝轧制时，下辊和中间辊是工作辊，而上辊起支承辊作用。劳特轧机用于粗轧，等径轧机用于精轧。这种轧机控制系统简单、精度差，目前一些小型铜加工厂中的热轧机仍有使用，这种机型是一种淘汰机型。

③四辊轧机：这种轧机有两个工作辊，两个支承辊。四辊轧机多采用液压压下、液压弯辊、高精度的四列短圆柱轴承，使轧机传动精度和承载能力大大提高，实现了高速轧制。随着高精度检测设备的出现，使控制精度大大提高，因而使四辊轧机成为现代化全液压高精度轧机，成为生产高精度铜带的主要设备。

④六辊轧机：轧机有两个工作辊，两个中间辊，两个支承辊。相对于四辊轧机，它增加了两个可轴向抽动的中间辊，强化了辊型调节的效果，其机型有 CVC、HC、UC 等，使宽带横断面公差、板形有很大的提高。使平辊轧制成为可能。这是一种新机型，发展前途很好。

⑤多辊轧机：采用多个支承辊，一对直径较小的工作辊。其优点

是：轧制力小，需要轧制力矩也小。如二十辊、十二辊等。其最大缺点是结构复杂，要求制造精度高，维修困难。这种机型是生产箔材不可替代的机型。多辊轧机也包括如偏八辊、十六辊等。

（4）按用途分

用于铸锭热轧的轧机为热轧机；用于粗轧和冷开坯的轧机为粗（初）轧机；用于精轧出成品的薄带轧机为精轧机；用于改善板形的大直径的轧机为平整机，平整机在我国有色金属加工行业很少被采用，日本、德国则有一些厂家应用。

18. 如何选择铜板带材宽度？工艺流程怎样制定？

（1）宽度的选择

通常把铜板带材的宽度分为 310（305）mm、620（305 × 2）mm、1050（305 × 3）mm、1200 mm 以上 4 种。目前小型板带生产线普遍选择 310 mm，也有选择 450 mm 的。由于国际上习惯用英寸，下料和设备都以英寸的整数倍或分数倍设计，因此 305 mm 几乎是世界通用的基本规格。这样 450 mm 的宽度就需要配尺套切，生产组织有一定难度。620 mm 宽度是大型工厂的选择，规模应在（6 ~ 10）万 t 以上。当然，最终应根据主要目标产品的规格选择。

（2）工艺流程制定

工艺流程的制定应遵循以下原则：①充分利用合金的塑性，尽可能地减少中间退火及酸洗工序，使产品生产周期短，劳动生产能力高。②产品质量满足用户所提出的标准或技术条件的要求，能实现生产成本低，成品率高的要求。③结合具体的设备条件，各工序合理安排，设备负荷均衡，既保证设备安全可靠运行，又充分发挥设备的潜力。④物料运输通畅，尽可能减少倒流，减少中间工序或天车的运输量，以保证物料的通畅。⑤有清洁卫生的环境及良好的劳动条件。

19. 铜板带材加工优化工艺的方法有哪些？

为达到较大幅度地降低成本、提高成品率、节约金属及能源、使经济效益得到提高，采取的方法如下：

（1）强化加工过程

合并工序，提高工艺过程的连续性来减少工序数量。这样有利于提高成材率和生产效率，同时可缩减工序间的运输工作量，使生产成本降低，节约能源。例如可将脱脂、退火、酸洗、清洗、矫直等工序在一个机组上完成，既减少设备台数，又提高了生产效率，同时减少因中间运输所造成的经济损失。

减少中间退火次数，在设备能力允许的条件下，可充分利用金属的塑性，加大两次退火间的总加工率，以减少中间退火次数，缩短工艺流程，实现成品率和生产效率的双提高。

（2）优化工艺参数

充分利用先进的电子技术、检测装置及自动控制手段来实现工艺参数的检测、闭环控制及进行工艺参数的优化，以获得产品综合质量的最佳匹配，如产品的尺寸精度、板型、性能及表面质量等都满足用户的要求。

20. 铜合金腐蚀有哪些类型？

①电化学腐蚀：两块不同的金属相互接触浸入导电溶液中，因两金属电位不同而使阳极（电负性一方）加速腐蚀，阴极（电正性一方）得到部分或完全保护。铜对其他常用结构材料如钢、铝来说，总是呈阴极，铜的腐蚀较少；铜对不锈钢来说，取决于暴露的条件；铜与高镍合金、石墨接触时，铜呈阳极而优先腐蚀。

②生物腐蚀：海洋中一些生物，如牡蛎、藤壶等往往会附着在金属表面生长，使附着的区域与周围环境隔离，如果所附着的表面存在微小裂隙，就会存在氧的浓度差而发生裂隙腐蚀。铜及铜合金在海水中存在少量铜离子，有效地阻碍了海洋生物的附着，所以具有优良的抗生物腐蚀能力。

③冲击腐蚀：金属表面与环境介质间的相对运动可加速金属的腐蚀。铜合金中，铜－镍合金及铝青铜在海水中具有较佳的抗冲击腐蚀能力。

④点蚀：金属大部分表面不发生腐蚀（或腐蚀很轻微），而只在局部地方出现腐蚀小孔（坑）并向深部发展，这种腐蚀称为点蚀。容易钝化的铜及铜合金点蚀现象尤为严重。

⑤应力腐蚀：是指金属和合金在腐蚀介质和拉应力同时作用下产生的金属破坏。对铜合金而言，普通黄铜对应力腐蚀最为敏感，尤其是含 20%～40% Zn 的黄铜极易发生腐蚀破裂。

⑥疲劳腐蚀：腐蚀（通常是点蚀）与周期应力结合导致金属的破坏称为疲劳腐蚀。具有高的疲劳强度与高抗蚀能力的铜合金有较高的疲劳腐蚀抗力。

⑦脱锌腐蚀：脱锌腐蚀是铜－锌合金（黄铜）的一种选择性腐蚀。当锌含量＜15%时，一般不脱锌；随着锌含量的增加，抗冲击腐蚀的能力提高，同时增加了脱锌的敏感性，尤其是锌＞30%后更为明显。

1.2　铜合金板带材生产的基础理论

21. 轧制时金属的流动特征是什么？

轧制时金属沿轧件高度上的流动是不均匀的，不均匀流动程度与变形区形状系数 κ（即变形区长度 l 与轧件平均厚度 $\bar{h}$ 之比）有关，还与轧件厚度、金属组织、轧件温度等的不均匀程度有关。

由于不均匀变形的存在，轧制变形区的组成如图 1－4 所示。难变形区（黏着区）内金属的变形极微小，轧件表层与轧辊表面基本上无相对滑动。轧件的变形主要集中在塑性变形区，在进入辊缝前及离开辊缝后，轧件也产生变形。通常认为，摩擦系数越大其 κ 值越小，难变形区的相对体积就越大。

κ 值较大时，轧件断面高度上的流动速度分布见图 1－5。变形前、后外区 1 及 6 处，流动速度分布较均匀。在弹性压缩区 2 及后滑区 3 处，轧件断面上表层的流动速度大于中间层的流动速度，在轧件表面产生拉应力，在中间层相应产生压应力。在中性面处，轧件表层和中间层流动均匀，产生的压应力也是均匀分布的。在前滑区 4 及弹

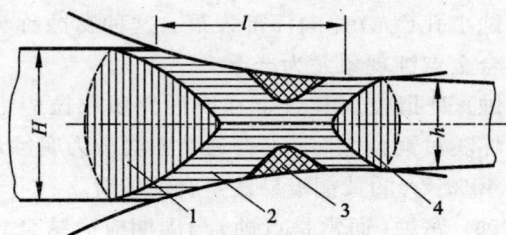

图 1-4　轧制变形区的组成

1—弹性压缩区；2—塑性变形区；3—难变形区；4—弹性恢复区

性恢复区 5 处，轧件中间层的流动比表层快，由于变形后外区 6 的阻碍，中间层承受压应力，表层承受拉应力。

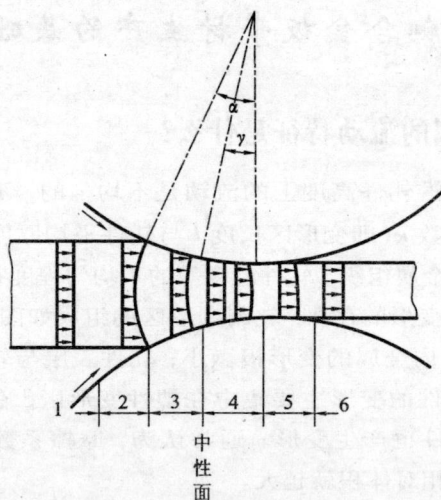

图 1-5　κ 值较大时轧件断面高度上的流动速度分布

1—变形前外区；2—弹性压缩区；3—后滑区；

4—前滑区；5—弹性恢复区；6—变形后外区

　　κ 值较小时，轧件断面高度上的流动速度分布见图 1－6。由于变形不能深入轧件中间层，在弹性压缩区 2 及后滑区 3 处，外层的流动速度由表层向中间层逐渐减小，中间层将受表层的流动影响产生相应的延伸。在前滑区 4 及弹性恢复区 5 处，轧件外层的流动速度由表层向里层逐渐加快，中间层保持不变。由于轧件外层流动速度比中间层快，以及变形前、后外区 1 及 6 的阻碍，变形未渗透到中间，其中间层承受拉应力，表层承受压应力，轧件断面高度上的流动速度分布及应力分布都是很不均匀的。

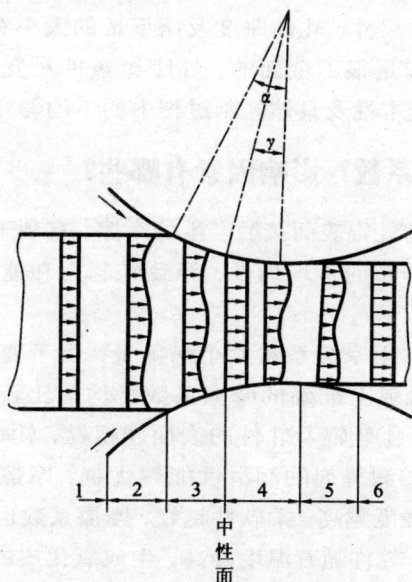

图 1－6　κ 值较小时轧件断面高度上的流动速度分布
1—变形前外区；2—弹性压缩区；3—后滑区；
4—前滑区；5—弹性恢复区；6—变形后外区

　　根据变形区形状系数 κ 的大小，大致可以把轧制分为 3 种类型：
　　①κ > 5 时，如冷轧薄板带材的情况，变形区较长而轧件厚度较薄，接触面上金属质点全部滑移流动，外摩擦系数较小，而且接触弧

上摩擦系数呈曲线变化,不均匀变形程度较小,宽展可忽略。

②$\kappa = 1 \sim 5$ 时,如热轧、粗轧中间道次的情况,接触面金属质点的流动同时存在滑移和部分黏着,外摩擦系数不大,变形比较均匀,并深透轧件断面高度,宽展不大。

③$\kappa < 1$ 时,如热轧及粗轧的开始道次,即用小压下量轧制厚轧件的情况,变形区大部分为黏着区,外摩擦系数较大,接触弧上摩擦力不变或变化很小,轧件断面上变形很不均匀,轧件中间层不变形或变形很小,由于中间层金属不变形及外区的阻碍使表层金属产生强迫宽展,轧件边部常呈内凹状(双腰形)。

κ 主要与轧辊尺寸、轧件厚度及压下量的大小有关,仅仅采用 κ 值来区分轧制过程是很不全面的,外摩擦条件对变形特征影响也较大,而且随着合金本性及具体轧制过程中的不均匀变形程度而变化。

22. 什么是摩擦系数? 影响因素有哪些?

轧制时轧件与轧辊表面接触产生的摩擦,有利于轧件的咬入,但增加应力和变形分布的不均匀性,导致轧制力和能量消耗的增加及加剧轧辊磨损。

摩擦条件通常用摩擦系数大小来衡量,由于变形区内各种条件的变化,确定接触弧上准确的摩擦系数平均值比较复杂。摩擦系数的影响因数如下:①轧辊及轧件的表面越粗糙,轧辊表面硬度越低,摩擦系数越高。②润滑剂的润滑性能越优越,摩擦系数越小。③轧制金属的弹性及强度越高,柔软性越好,摩擦系数也越小。④对易氧化的铜合金而言,轧件随着温度升高,生成氧化皮的倾向越大,其变形抗力越低,摩擦系数越高。⑤轧制压力增加时,如磨损物增加且出现粘辊时会增大摩擦系数;而冷轧时随着轧制压力增加、轧件加工硬化加剧及润滑条件改善,摩擦系数减小。⑥轧制速度增大对摩擦系数的影响比较复杂,冷轧时大多认为轧制速度增大有助于形成液体润滑的趋势,并且速度增大使辊温增加及润滑剂黏度下降,润滑效果提高,导致摩擦系数降低;但当轧制速度很高、出现润滑剂不易带入或润滑时间太短的情况时,摩擦系数反而有所增加。⑦轧辊直径越大，润滑油易于带入及轧制压力增加有利于减小摩擦系数。

23. 什么是轧机的弹性特性曲线?

板带材轧制过程既是轧件产生塑性变形的过程，又是轧机产生弹性变形(弹跳)的过程。因此，如果忽略轧件的弹性恢复量，由于轧机的弹跳，使轧出带材的厚度 h 等于轧辊的原始辊缝 s_0 加上轧机的弹跳值。

轧机在压力作用下产生的弹跳值与压力值近似成线性关系，如图 1-7 所示。最初阶段的曲线段是由于各部件之间的配合间隙造成的。由于各部件之间配合间隙的随机性，导致辊缝的实际零位难以确定。实际生产中常采用预压靠的方法进行零位调整，即将轧辊预先压靠到一定程度，然后将此时的辊缝仪清零。

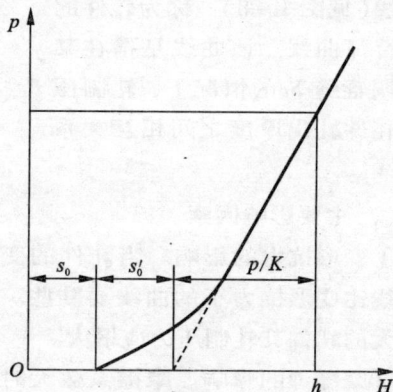

图 1-7 轧机的弹性特性曲线

如果忽略轧机弹性特性曲线的最初弯曲段，把它近似看作一条直线，即忽略弯曲段的部件间隙值，则在一定辊缝和负荷下所能轧出的轧件厚度为

$$h = s_0 + p/K \qquad (1-1)$$

式中：p——轧制力；

K——轧机的刚度。

式(1-1)称为轧机的弹跳方程，它反映了轧制工艺和设备因素的变化对轧件轧出厚度的影响，是板带厚度控制的基本方程之一。

24. 什么是轧件的塑性特性曲线?

（1）塑性特性曲线

给轧件以一定的压下量,就
产生一定的压力,当坯料厚度一
定时,压下量越大,压力也越大。
通过实测或计算可以求出对应于
某一压下量时的压力值,将其绘
成曲线(见图1－8),称为轧件的
塑性特征曲线。该曲线是指在某
个预调辊缝 S_0 的情况下,轧制压
力与轧件轧出厚度之间相互关系
的曲线。

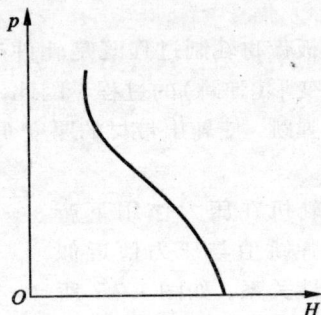

图1－8　轧件的塑性特性曲线

（2）主要影响因素

①变形抗力的影响。当轧件的变形抗力不同时,则变形抗力大
的曲线比变形抗力小的曲线要陡些。若保持轧出厚度不变,则变形
抗力大的轧件其轧制压力应增大。

②摩擦力的影响。摩擦系数大时的塑性曲线要陡些,压力相同
时轧出厚度也大。要使轧出厚度不变,则摩擦系数越大,所需轧制压
力也越大。因此,润滑效果好时,可在相同的原始辊缝下轧出较薄的
轧件。

③张力的影响。张力越大,轧出厚度越薄。若保持轧出厚度不
变,则张力越大,轧制压力越小。

25. 板厚控制的原理和方法是什么?

（1）板厚控制原理

从弹塑性特性曲线上($p-H$ 图,图1－9)可以看出,无论轧制过
程的各种因素如何变化,要得到轧出厚度 h 相等的产品,必须使轧机
的弹性特性曲线与轧件的塑性特性曲线始终交到从 h 所作的垂直线
上,这条垂直线又称为等厚轧制线。因此,板带厚度控制实质就是不

管轧制条件如何变化，总要使轧
机的弹性特性曲线与轧件的塑
性特性曲线交到等厚轧制线上。
　　（2）厚度控制方法
　　①调整压力（改变原始辊
缝）。调整压力是板厚控制最主
要的方式，其原理是：调整轧机
弹性特性曲线的位置，但不改变

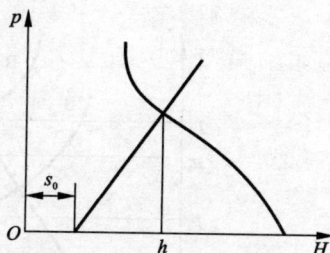

图 1 - 9　轧制时的弹塑性曲线

曲线的斜率，常用来消除影响轧制力的因素所造成的厚度偏差。

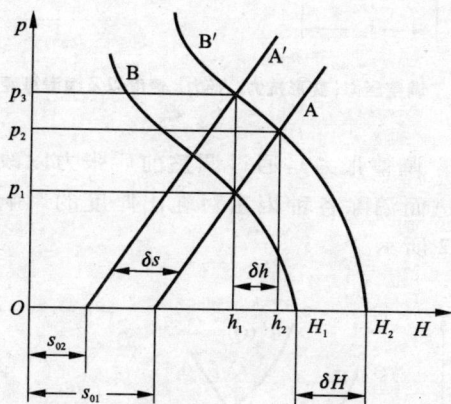

图 1 - 10　调整压力（坯料厚度变化时）

　　由图 1 - 10 和图 1 - 11 可知，当来料厚度差 ΔH 波动时或来料性
能不均匀、润滑不良使摩擦系数增大、张力变小以及速度减小等，均
可以通过调整压下减小辊缝，来使弹性特性曲线 A 向左平移至 A′ 并
与塑性特性曲线 B′ 相交于等厚轧制线上，从而消除厚度差。
　　如果轧件的变形抗力很大，而轧机的刚度 K 又不大时，通过调整
压力来调厚的效率很低，压下距离的大部分转换成了轧机的弹性变
形。此外，调整压力无法解决轧辊偏心等周期性高频变化量。

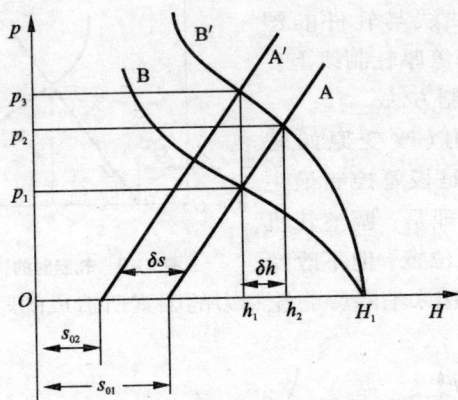

图 1 – 11　调整压力(变形抗力、张力、速度以及润滑等变化时)

②调整张力。调整张力是通过调整前后张力以改变轧件塑性特
性曲线的斜率，进而消除各种因素对轧出厚度的影响来实现板厚控
制的，如图 1 – 12 所示。

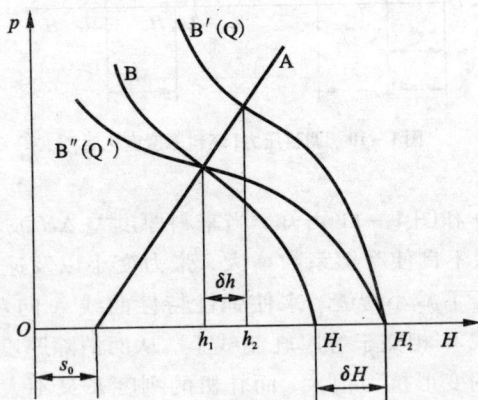

图 1 – 12　调整张力图示

这种方法在冷轧薄板时用得较多，热轧时一般不采用。调整张力控厚的方法，反应迅速、有效且精确，但因张力变化不能太大，故调厚范围较小，实际中通常和调整压力相互配合。

③调整轧制速度。轧制速度的变化会引起张力、摩擦系数、轧制温度以及轴承油膜厚度等因素的变化，因此调整轧制速度可达到控制板厚的目的。同张力控厚法一样，由于轧制速度调整范围较小，因此调整轧制速度控厚法也只适于微调。

调整压力、调整张力和调整轧制速度3种厚度控制方法各有特点，实际生产中为了达到精确控制厚度的目的，往往要根据设备和工艺条件等将多种厚控方法结合起来使用。其中最主要、最基本、最常用的还是调整压力的厚度控制方法，特别是采用液压压下，大大地提高了响应性，具有很多优点。

26. 轧制的基本变形参数有哪些?

平辊轧制的基本变形参数如图 1 – 13 所示。

（1）变形程度

轧件通过旋转的轧辊之间时产生塑性变形，并且在高向、横向和纵向上发生相应尺寸变化，把这种变化大小叫做变形程度。

①高向变形。压下量

$$\Delta h = H - h \qquad (1-2)$$

式中：H——轧前厚度，mm；

　　　h——轧后厚度，mm。

加工率

$$\varepsilon = \Delta h / H \times 100\% \qquad (1-3)$$

②横向变形。宽展

$$\Delta B = b - B \qquad (1-4)$$

式中：b——轧后宽度，mm；

　　　B——轧前宽度，mm。

③纵向变形。延伸系数

$$\lambda = l / L \qquad (1-5)$$

式中：l——轧后长度，mm；

　　　　L——轧前长度，mm。

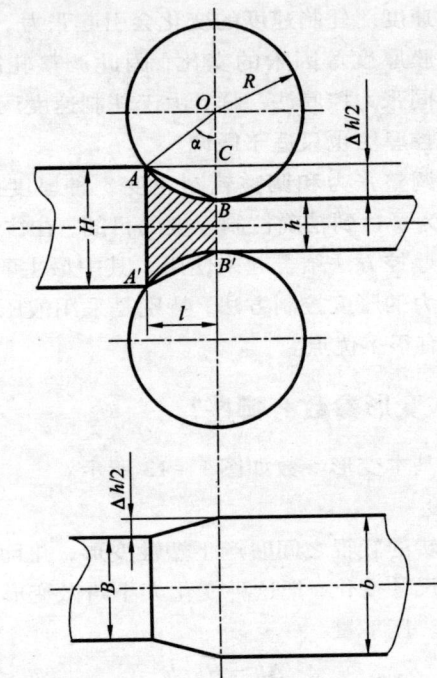

图1-13　几何变形区图示

（2）变形区参数

咬入角 α：两轧辊中心连线与轧件咬入点的夹角。

当两轧辊直径相同时咬入弧长

$$l = \sqrt{R\Delta h} \qquad (1-6)$$

式中：R 为轧辊半径，mm。

27. 什么是宽展？宽展受哪些因素影响？

（1）宽展

轧制过程中高向上压缩下来的体积，将按照最小阻力定律流向纵向和横向，由流向横向的体积所引起的轧件宽度的变化称为宽展，见式（1-4）。热轧时，在轧件的宽厚比小于 6 的条件下必须考虑宽展，冷轧时的宽展量一般不超过 1%，可忽略不计。

当热轧时辊型凹度太大、辊身中部磨损严重或辊身中部温度低、两边辊颈温度太高时，轧件在宽向上中部延伸慢，端部常出现"鱼尾"，与此情况相反时，则端部出现"舌头"。轧制软合金时容易出现这类纵向、横向变形不均匀的现象，致使切除前后端的金属损失增加。

热轧机应装设轧边立辊，使轧件两边部受到压缩并增加局部延伸，可以减小宽展及防止裂边，这对于轧制热脆性较大、易裂边合金是有益的。

（2）影响宽展的因素

影响宽展的因素有：①道次压下量增加，宽展增加。②当其他条件不变时，宽展 ΔB 随着轧辊直径 D 的增加而增加。③宽度不大时，宽展随着轧件宽度增加而增加，宽度增大到一定程度后，宽展随着轧件宽度的增加而减小。④宽展随着轧件和轧辊间摩擦系数增加而增加。⑤轧制时张力的作用使得宽展减少，后张力比前张力影响大。⑥金属材料的强度越大同样轧制条件下宽展越大，金属材料的强度越低，宽展量越小。

28. 实现轧制变形的条件是什么？如何改善咬入条件？

（1）实现轧制的条件

当轧件的前棱和旋转的轧辊母线相接触的瞬间，轧辊对轧件同样作用有大小相等、方向相反的径向压力 N 以及摩擦力 T，以便将轧件咬入轧辊之间。将作用在接触点处的力分别沿水平和垂直方向分解，如图 1-14 所示。N_x 是将轧件推出辊缝的力，而 T_x 是将轧件拖入辊缝的力。在轧件不受其他任何外力作用的情况下，这两个力的大小决定了轧件能否被咬入。显然，只有当 $T_x \geqslant N_x$ 时，轧件才能被咬入。

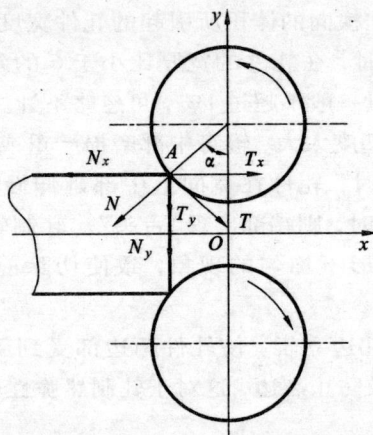

图 1 - 14　上轧辊对轧件的作用力图解

由图 1 - 14 可知

$$T_x = T\cos\alpha = N\tan\beta\cos\alpha; \quad N_x = N\sin\alpha \qquad (1-7)$$

式中：β——摩擦角；

　　α——咬入角。

代入 $T_x \geqslant N_x$ 中有

$$\beta \geqslant \alpha \qquad (1-8)$$

因此建立轧制过程的咬入条件是：$\alpha \leqslant \beta$，当 $\alpha = \beta$ 时称为临界咬入条件。

（2）实现稳定轧制的条件

如图 1 - 15 所示。当轧件完全充满辊缝时，即 $\delta = 0$ 时，轧制过程开始进入稳定轧制阶段。如果单位压力沿接触弧均匀分布，则中心角 φ 为咬入角 α 的一半。

稳定轧制阶段，能继续进行轧制的条件仍然应当是 $T_x \geqslant N_x$，

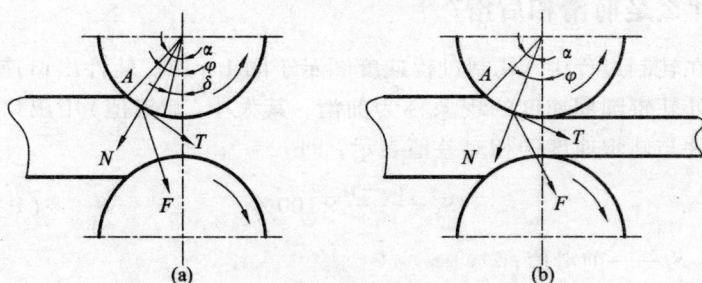

图 1 - 15　轧件充填辊缝过程中作用力变化图示

(a)充填辊缝过程；(b)稳定轧制阶段

此时

$$T_x = T\cos\varphi = Nf\cos\varphi; \; N_x = N\sin\varphi \; (\varphi = \frac{\alpha}{2}) \qquad (1-9)$$

因此有

$$\beta \geqslant \frac{\alpha}{2} \qquad (1-10)$$

式(1-8)即为稳定轧制能进行的条件，当 $\beta = \dfrac{\alpha}{2}$ 为极限稳定轧制条件。

(3)改善咬入条件的措施

在轧制的过程中凡是减少咬入角或者增大摩擦系数的措施，都是改善咬入的方法。

减小咬入角：①轧件前端作成楔形(坡形)或圆弧形；②采用大辊径轧辊；③减小道次压下量；④给轧件施以水平推力；⑤咬入时辊缝调大。

增大摩擦角：①在轧辊上刻痕或打砂；②低速咬入，高速轧制；③咬入时不加或减少润滑剂；④改用摩擦系数大的润滑剂，如加少量煤油；⑤热轧时加热温度要适宜。温度过高，轧件表面氧化皮也起到润滑的作用，降低摩擦系数；温度低，表面硬度大，摩擦系数减小。

29. 什么是前滑和后滑?

在轧制过程中,轧制过程速度图示于图 1 – 16。轧件出口速度大于该处轧辊圆周速度的现象称为前滑,其大小(前滑值)用出口断面处轧件与轧辊速度的相对差值表示,即

$$S_h = \frac{v_h - v}{v} \times 100\% \qquad (1-11)$$

式中：S_h——前滑值;

v_h——轧件的出口速度;

v——轧辊的圆周速度。

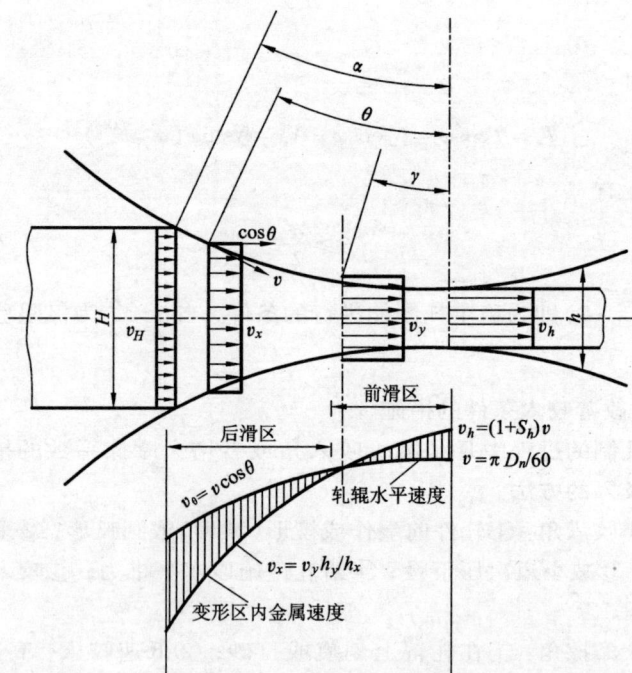

图 1 – 16　轧制过程速度图示

后滑是指轧件的入口速度小于该处轧辊圆周速度水平分量的现象，其大小（后滑值）用入口断面处轧辊圆周速度的水平分量与轧件入口速度差的相当值表示，即

$$S_H = \frac{v\cos\alpha - v_H}{v\cos\alpha} \times 100\% \qquad (1-12)$$

式中：S_H——后滑值；

　　　v_H——轧件的入口速度；

　　　α——咬入角。

30. 如何确定轧制力？轧制压力受哪些因素影响？

（1）轧制压力

所谓轧制压力是指轧件对轧辊合力的垂直分量，即轧机压下螺丝所承受的总压力。通常轧件对轧辊的作用力有两个：一是与接触表面相切的摩擦力 T，另一个是与接触表面相垂直的合力 N。轧制压力就是这两个力在垂直轧制方向上的分量之和 p_H。

（2）确定轧制压力的方法

①实际测量法。这种方法是将压力传感器（测压头）放置在压下螺丝下面，由它将轧制过程的压力信号转换成电信号，再通过放大器和记录装置显示压力的实测数据。常用的测压头有电阻应变式和压磁式两种。

②理论计算法。通常，轧制压力简单的计算公式如下

$$p = p'F = Kn_\sigma \cdot b_{cp}l' \qquad (1-13)$$

式中：F——接触面积；

　　　p'——单位面积上的轧制压力；

　　　n_σ——相对应力系数；

　　　K——材料的变形抗力；

　　　b_{cp}——轧件的平均宽度；

　　　l'——考虑轧辊压扁时的接触弧长。

不考虑宽展与轧辊压扁时的轧制力计算公式可表达为

$$p = Kn_\sigma B(R\Delta h) \qquad (1-14)$$

（3）相对应力系数 n_σ 的计算方法

①采列可夫公式

$$n_\sigma = [2(1-\varepsilon)/\varepsilon(\delta-1)](h_\gamma/h)[(h_\gamma/h)^\delta-1] \quad (1-15)$$

②斯通公式

$$n_\sigma = (e^m-1)/m \quad (1-16)$$

③西姆斯简化公式

$$n_\sigma = 0.785 + 0.25l/h \quad (1-17)$$

④滑移线法公式

$$n_\sigma = 1.25h/l + 0.785 + 0.25l/h \quad (1-18)$$

常用轧制压力计算公式的应用条件及特点见表 1-2。

表 1-2   轧制压力计算的应用条件及特点

公式	基本假设要点	接触条件	适用情况
采列可夫公式	楔形件均匀压缩；不计宽展	一般不考虑轧辊压扁，全滑动（库仑摩擦定律）；未考虑刚端的影响	热轧、冷轧
斯通公式	楔形件均匀压缩；不计宽展	考虑轧辊压扁，全滑动（库仑摩擦定律）；未考虑刚端的影响	冷轧薄板
西姆斯公式	楔形件均匀压缩；不计宽展	未考虑轧辊压扁，全黏着（按常摩擦定律）；未考虑刚端的影响	热轧
滑移线法公式	当 $l/h < 1.0$ 时用滑移线法解平面压缩问题	考虑了刚端的影响，摩擦系数较大	热轧

（4）金属的变形抗力（K）

变形抗力是计算轧制压力的重要参数，它是在轧制条件下，金属抵抗发生塑性变形的力，通常用 K 表示。

$$K = 1.115\sigma_s \quad (1-19)$$

由于大多数铜合金由弹性变形进入塑性变形的过程是平滑的，屈服点现象并不明显，常用 $R_{p0.2}$ 代替 σ_s。因而有

$$K = 1.115R_{\text{p0.2}} \qquad (1-20)$$

金属的变形抗力与温度（热轧）、变形程度（冷轧）以及变形速度有关。通常，需通过查阅相关表格、曲线或材料试验获得。

31. 轧制过程中轧件温度变化有什么规律?

研究轧件温度在轧制过程中的变化规律，对现代化热轧机自动控制和制品性能控制具有十分重要的意义。例如 1% 的温度预报误差可能导致 2% ~5% 的轧制力设定差异。

轧制过程中轧件温度变化主要表现在两个方面：一是因辐射、对流、传导而散失热量，引起轧件温度降低；二是金属塑性变形产生变形热，引起轧件温度升高。

（1）加热过的锭（板）坯因辐射散热引起的温降公式为

$$\Delta t = \frac{kF\tau}{3600\bar{c}G}\left[\left(\frac{T_1}{100}\right)^4 - \left(\frac{T_2}{100}\right)^4\right] \qquad (1-21)$$

式中：k——轧制金属的散热系数，$\text{J}/(\text{m}^2\cdot\text{h}\cdot\text{K}^4)$；

　　　F——该道次轧前平均散热面积，m^2；

　　　τ——该道次轧制时间与间隙时间之和，s；

　　　$\bar{c}$——金属的平均比热，$\text{J}/(\text{kg}\cdot\text{℃})$；

　　　G——轧件重量，kg；

　　　T_1——每道次开始轧制的绝对温度，$T_1 = t_H + 273$，K；

　　　t_H——每道次开始轧制的摄氏温度，℃；

　　　T_2——室温绝对温度，$T_1 = t_{室} + 273$，K；

　　　$t_{室}$——室温摄氏温度，℃。

（2）轧件对流传热的散热损失引起的温降公式为

$$\Delta t_2 = -2\alpha(t - t_0)\,\mathrm{d}\tau/(c_p\gamma h) \qquad (1-22)$$

式中：α——对流散失系数；

　　　t_0——冷却介质的温度，℃。

（3）轧件与轧辊接触时伪传导损失引起的温降公式为

$$\Delta t_3 = -2\lambda l(t - t_0)/(c_p\gamma h_{\text{cp}}v) \qquad (1-23)$$

式中：λ——与材料有关的系数；

　　　l——接触弧长，mm；

h_{cp}——轧件平均厚度，mm；

v——轧制速度，m/s。

（4）塑性变形引起的温升计算公式为

$$\Delta t_4 = A\eta\sigma_{cp}\ln(H/h) \times 10^4/(c_p\gamma h_{cp}) \qquad (1-24)$$

式中：A——轧件的变形区面积，m^2；

　　　　η——转换效率，一般取 0.90～0.95；

　　　　σ_{cp}——轧件的平均变形力，MPa；

　　　　c_p——比热容，J/（kg·℃）；

　　　　γ——密度，kg/m^3；

　　　　h_{cp}——轧件平均厚度，mm。

32. 什么是轧机刚度？受哪些因素影响？

轧机的刚度是表示该轧机抵抗轧制压力引起弹性变形的能力，又称轧机模数。一般用 M 表示，单位 t/mm。它包括纵向刚度和横向刚度。轧机的纵向刚度是指轧机抵抗轧制压力引起的轧辊"弹跳"的能力。轧机的纵向刚度可用下式表示

$$k = p/(h - s_0) \qquad (1-25)$$

轧机刚度可用轧制法或压靠法测得。

轧机的刚度不是轧机固有的常数，随着轧件宽度、轧辊轴承油膜厚度、轧辊材质、辊型以及工作辊和支撑辊接触情况的变化而改变的。由于影响因素较多，轧机刚度一般采用实际测量法来确定。

通常，轧件越宽、轧辊强度越大、轴承油膜越厚、轧辊凸度越大、工作辊与支承辊接触面积越大，机架（牌坊）刚性越好，轧机的刚度也越好。

33. 怎样计算二辊轧机的轧辊挠度？

轧辊挠度计算是设计辊型的重要依据之一。轧辊挠度即在轧制压力作用下，沿轧辊轴线方向辊身中部相对于辊身边缘（轧件边缘）的位移量。对于 2、4 辊轧机来说，弯曲挠度在辊型中占主要位置。

假设轧件位于轧制中心线而且单位压力沿宽度方向均匀分布，

则两轴承反力相等,受力弯曲呈抛物线规律。由《材料力学》可知,轧辊直径与支点间的距离比较相差不大,因此,把轧辊视为短而粗的简支梁。对于二辊轧机,辊身中部与辊身边缘的挠度差可按下式计算

$$f_p = \frac{P}{6\pi ED^4}\left[12aL^2 - 4L^3 - 4B^2L + B^3 + 15D^2\left(L - \frac{B}{2}\right)\right] \qquad (1-26)$$

式中：P——轧制压力,N;

　　　　D——辊身直径,m;

　　　　L——辊身长度,m;

　　　　B——轧件宽度,m;

　　　　a——轧辊两边轴承受力点之间的距离,m;

　　　　E——轧辊材料的弹性模量,MPa。

　　对于上下两个轧辊,因为是对称的,所以其总挠度为 $2f_p$。

第2章 铜合金板带材轧制技术

2.1 热轧

34. 热轧有何特点?

热轧是指金属在再结晶温度以上进行的轧制过程。在这个过程中，金属一方面在压力作用下变形、加工硬化；另一方面又由于始终处于高温下迅速再结晶而软化。热轧开坯是充分利用金属在高温下屈服强度低、塑性好、变形抗力小的特点，可以实现大变形量，生产率高，能耗小，可提供大卷重、长尺寸的带坯。带坯厚度为4~18 mm，宽度为200~1250 mm。

小型热轧机，如带宽为200~330 mm，轧制后带坯厚度为4~6.5 mm，热轧后采用酸洗去除氧化皮，这种生产方式已逐渐被大规格热轧机所代替。大中型热轧机热轧后的带坯一般厚度6.5~18 mm，轧制后采用双面铣削法去除表面氧化皮和表面缺陷。

与冷轧相比，热轧产品的尺寸较难控制，精度较差；难以精确控制产品所需机械性能，强度指标比冷轧态低；高温下金属氧化，产品表面质量不高。

35. 热轧机的发展趋势是怎样的? 对现代化热轧机有什么要求?

（1）发展趋势

铜带产品大部分为窄带，带宽一般均小于450 mm，多用于电气元件。随着科学技术的进步。铜带应用范围的扩大，宽带的要求也有所增加，如变压器带最宽要求到 1250 mm，装饰用铜板带也在增加。所以最近世界上连续出现生产 1250 mm 带宽的轧机数台。

为了给粗、精轧机提供大的卷重。铜热轧机要实现大锭轧制。这给热轧提出了新的要求，最主要就是使带坯温降控制在允许范围内。一般金属终轧温度为 550 ~ 780℃，而开轧温度提高到 780 ~ 980℃。这就对加热炉温度控制提出了较高要求，铸锭温差应小于 5 ~ 10℃，以防止铸锭过烧。为了获得大锭，铸锭厚度一般加厚到 200 ~ 250 mm。在轧制最后几道次，由于散热面积加大，头尾温降大，此时应采用高速轧制，热轧速度提高到 250 m/min，以减少温降时间。

（2）现代热轧机的要求

现代热轧机的主要要求有：①轧制力和轧制力矩大，要能使厚度为 200 ~ 250 mm 厚的铸锭经 7 ~ 9 道次轧制，将带材轧到 15 mm 左右的能力。②为保证超长带坯，卷重要求达到 8 ~ 17 kg/mm（每毫米带宽上重量的千克数）。③具备在线淬火、在线冷却的功能。④应具有快速准确的电动压下和精确的液压微调系统，可实现厚度自动控制。⑤可生产卷材也可生产板材。⑥可实现在线双面铣或线外铣面。

36. 热轧机的结构是怎样的？

铜带热轧机多为二辊可逆热轧机，四辊用于高强度铜合金热轧，三辊劳特式热轧机现已很少采用。热轧机的组成包括：可逆主轧机、轧边辊或立辊、机前机后推床、上料小车或上料机构、辊道、在线淬火装置、在线冷却装置、剪切机、垛板装置、三辊卷取机、卸料装置及辊道等。

（1）轧机本体

①轧辊。轧辊是工作机座的主要部件。板带轧机的轧辊呈圆柱形，辊身微凹，当热轧膨胀时，可保持较好的板型。

轧辊由辊身、辊颈和轴头 3 部分组成，辊颈安装在轴承中，并通过轴承座和压下装置把轧制力传给机架。轴头与万向接轴相连，传递轧制力矩。

热轧辊设计中辊面不要太硬，以减少龟裂。并在设计中考虑采用大的车削余量，一般要达到 90～100 mm，以延长轧辊的使用寿命。

②轧辊轴承。铜材热轧机多采用四列短圆柱轴承，其特点是承载力大、摩擦系数小。有时也采用树脂瓦轴承，虽然摩擦系数小，但弹跳大，公差控制能力弱。

③机架。机架为封闭式铸钢件，是工作机座的重要部件。轧辊轴承座、轧辊调整及轧制线调整装置等都安装在机架上。机架承受着轧制压力，必须有足够的强度与刚度。

④压下与平衡。驱动采用直流电机或交流变频电机，减速采用斜齿平面蜗轮副、齿轮等，螺丝为锯齿形螺纹，止推为球面止推轴承。

平衡采用液压平衡，有单缸式、四缸式等，弹簧与重锤平衡已很少采用。

液压微调是现代化轧机不可缺少的部分，它必须具有对机架和辊系弹跳进行精确补偿的功能。其特点是行程短，多采用柱塞式结构。

（2）主传动

①传动电机。由于热轧时采用大力矩，电机需要具备短时两倍过载能力，电机一般采用直流传动或交流变频电机。

减速装置：多采用联合齿轮箱，减速部分与齿轮座在一个箱体内，结构紧凑；还可以采用两个轧辊单独传动或减速箱与齿轮座分开。现代化轧机大都采用高精度硬齿面齿轮。

万向接轴：多采用十字头万向接轴或弧形齿万向接轴，还有滚珠球万向接轴，滑块式万向接轴已很少采用。

抱轴器：用于换辊定位，轧机加有抱轴器。

②轧边辊或立辊轧机。轧边辊或立辊轧机用于控制铸锭的宽展和改善带坯边部质量，轧边辊可实现小辊轧大料，而且每一道次都可

轧制。轧边辊本体采用悬臂式结构,用液压缸压下,它与平衡(返回)轴身是小倒锥接合。传动采用直流或交流变频电机,齿轮减速,万向接轴传动。

立辊轧机只能轧中间几道,轧件厚度接近 30 ~ 40 mm 时结束。它因辊径大,采用悬臂式结构,伞齿轮传动,直流或交流变频电机驱动,功率比轧边辊大得多,效果略逊于轧边辊。

轧边辊或立辊轧机用于控制轧件的宽展,控制轧件宽度均匀和防止热轧裂边,改善带坯边部质量。

③机前机后推床:主要用于导正进料,产生一定的夹持力,一般采用液压缸驱动,齿轮齿条同步。

④上料小车或上料机构。步进炉采用侧出料形式,需用上料小车运锭;如果是端出则要采用上料机构,将加热好的料送到轧机辊道上。

⑤辊道。可分为机前机后的工作辊道,多为空心辊,可集中传动也可采用单独传动。辊道的形式随着料的宽窄而变化,小于和等于450 mm 的料可采用 V 形辊道,结构轻、投资少,又不划伤带材,这种辊道无驱动,料由夹送辊传送。600 mm 以上宽度的带坯应采用平辊道,虽然设备较重,但可以保证带坯平直,使铣面时带坯表面铣削量减少,提高了成品率。运输辊道一般为空心辊集体传动。有时延伸辊道可以不驱动,所有辊道辊间要加导板防止钻料。

⑥在线淬火装置。一般设备离轧机不能太远,但要保证淬火水与乳液的分别回收。淬火时,带材出轧机后快速通过淬火段,以防止头尾温差过大。淬火一般瞬时水量很大,为防止阀门漏水,不淬火时将装置摆起。

目前热轧淬火系统有 3 种方式:一是在机架设备后建立高位水箱,采用大流量水分段瞬时从辊道的上下方垂直喷向带材表面,有点类似钢铁热轧的层流冷却。二是采用高压水和低压水配合上下表面齐喷,靠高速水流导热。三是采用大流量冷却水反向冲刷带材表面,以带走带材热量。

⑦在线冷却装置。轧完的带坯通过冷却段后将温度降至 60℃ 左右，带材以卷取速度运动。其长度及水量可通过计算选用。冷却段一般在轧制区外，结构选用固定式。

⑧剪切机。处理热轧废料，去除不合格的头尾，将带坯剪切成板材。其剪切厚度根据板材厚度等因素确定。一般在 15~40 mm 范围内，剪切次数根据剪板的多少而定，一般电动剪剪切速度快一些，一般为每分钟 10 次左右；液压剪慢一些，一般为每分钟 3~5 次。厚料采用双浮动剪，定尺根据需要设置。

⑨垛板装置。根据板材生产量来确定。其结构为摆动式，也可用倾斜式，由升降台和链式运输机组成简易装置。

⑩三辊卷取机。可分为冷料卷取与热料卷取。热料卷取速度快，一般 100 m/min，卷后冷却；冷卷一般卷取速度为 20~30 m/min，卷取设计中一定要考虑大卷卷取的情况，否则卷大时将卷不紧，易松卷。

37. 铸锭热轧的加热方式有哪几种？各有什么特点？

铸锭加热常用的有火焰式和电热式两种加热方式。

火焰式加热主要用煤气或天然气加热，其优点是生产能力大，热效率高、能耗低、自动化程度高，温度、气氛容易控制。

电热式加热虽然简单、方便、灵活，加热速度快、气氛容易控制、占地面积小等优点，但由于电能消耗大而不多用。

铜锭坯对加热工序的主要要求是：加热温度准确、均匀，加热过程材料不发生氧化，加热速度快并节省能源。在要求不高的场合，各种型号的加热炉都可使用，如燃煤炉、燃油炉、燃气炉、感应炉（工频炉、中频炉、高频炉）、电阻炉；但从环保要求、节能效果和产品质量全方位的较高要求出发，最适用于铜及铜合金锭坯加热的炉型是燃气炉（煤气加热炉、天然气加热炉）和感应加热炉（工频加热炉、中频

加热炉）。几种燃气加热炉和电加热炉的技术性能分别参见表 2 - 1
和表 2 - 2。

表 2 - 1　几种火焰加热炉技术性能对比

项目		环形炉	环形炉	步进炉	链带式炉	推进式炉
最高工作温度/℃		1250	1250	1250	1250	1250
最大生产能力/(t·h^{-1})		20	20	48	6	4
炉膛尺寸/mm		1465×3000 ×φ7800	1465×3000 ×φ7800	1550×3600 ×10000	600×1700 ×4500	800×1400 ×8000
燃料		煤气	重油	煤气	煤气	煤气
发热值/(J·m^{-3}·k^{-1})		5230	41868	5230	5230	5230
单位消耗/(J·kg^{-1})	紫铜、黄铜	250~300	250~300	280~330		350~400
	青铜、镍	500	500	580		670
最大燃料消耗量/(m³·t^{-1})或(kg·t^{-1})		6000	770	4000	1500	1700
燃料压力/Pa		1200	9.8~14.7	1200	1200	1200
装料出料方式		夹钳式	夹钳式	步进式	链带式	推进式

表 2 - 2　几种电加热炉的技术性能对比

项目	箱式电阻炉	推进式电阻炉	活盖箱式电阻炉	工频感应炉
金属及合金	镍及合金	铜及合金	铜及合金	镍、铜及合金
工作制度	间歇式	连续式	连续式	连续式
最高工作温度/℃	1250	950	950	1200
最大生产能力/(t·h^{-1})			1.7~2.0	
功率容量/kW	50	1898	380	800
加热元件材料	炭矽棒	镍铬丝	镍铬丝	感应线圈
电流频率/Hz	50	50	50	50
单位能耗/(kW·h·t^{-1})			150~180	200~350
炉膛尺寸/mm	450×430 ×980	300×1350 ×22500	250×1700 ×8200	300×800 ×1000

38. 反映加热炉特性的指标有哪些?

反映加热炉技术特性的指标有最高工作温度、温度控制精度、生产能力、炉膛尺寸、燃料压力、燃料发热值、单位消耗、热效率等。

衡量其先进水平是炉内温度均匀,气密性好;加热速度快,有较高的热效率和单位面积生产率;灵活性大,变换产品品种容易,结构简单,使用方便,机械化、自动化程度高,劳动条件好;能满足生产要求。

现代大型加热炉大都采用步进式煤气(或天然气)加热炉,采用平焰烧嘴,空气和煤气(或天然气)混合比例自动调节,加热速度可以达到 60 t/h,炉内温度差小于 ±5℃,炉壳温度不大于 30℃,热效率超过 60%。

39. 现代步进式加热炉结构上有什么特点? 怎样提高加热效率?

(1)现代步进炉结构特点

现代步进式加热炉结构较为复杂,但生产能力大,热效率高、能耗低、自动化程度高。从炉子的结构看,可分为上加热步进式炉、上下加热步进式炉、双步进梁步进式炉等。现代步进式加热炉可以加热单重 10~15 t 大型的锭坯。设有进锭辊道、前炉门、步进梁及其驱动装置、循环风机、出料炉门、出料辊道、炉体及自动控制系统等。

步进梁由两根互相平行的主梁(主动梁)和两根同样互相平行的副梁(固定梁)及驱动装置组成。主动梁在驱动装置的驱动下作"升起—前移—降落—后移"的循环运动,从而使横向放置在固定梁上的铸锭一步一步地前移。

燃烧系统由平焰烧嘴、空-燃预热及其混合装置、废气回收装置等组成,利用回收废气的余热可对空气和燃气预热。平焰烧嘴喷出的火焰呈扁平状,可以向铸锭长度方向提供较为均匀的热源。

炉顶及侧墙炉衬的厚度均为 225 mm,用 6 层隔热和耐火的纤维垫贴砌组成,整体用螺栓紧固在壳体上。固定梁和步进梁用 3 层隔热板和可注 Al_2O_3 耐火料砌筑而成,为了使加热扁锭不直接与耐火材料接触，在梁上有嵌镶在耐火材料内的耐热支承滑道；梁上耐火材料的厚度为 300 mm。支承滑道与可注耐火料间填充有陶瓷纤维材料。炉子的热效率高，可达 60% 以上。

步进式炉的关键设备是移动梁的传动机构。传动方式分机械传动和液压传动两种。目前广泛采用液压传动的方式。为了减少热损失，铸锭多采用侧装方式，铸锭顺向进炉，炉门较小，有利于减少热量散失，较铸锭端装方式热损失减少 0.4% ~ 0.8%。而且不需要推料装置。

现代步进式燃气加热炉生产能力大，炉内温度、压力、空燃比等用微机控制。可进行广泛而精确的调节，温差不超过 ±5℃，具有加热快、温度均匀、不易过烧等特点。

（2）加热炉效率提高措施

提高加热炉的效率主要有以下措施：①降低排烟温度，将排烟的热量进行空气和燃气的余热。②在保证充分燃烧的条件下，适当降低加热炉过剩空气系数，减少无效热值。③采用高效燃烧器，提高燃烧效率。④通过提高炉子的密闭性，喷涂耐火涂料，减少炉壁散热损失。⑤设置和改进控制系统，提高燃气燃烧效率。⑥加强加热炉的技术管理，提高操作水平，减少保温和空烧时间。

40. 热轧铸锭怎样选择？如何处理热轧锭坯的头尾？

（1）铸锭质量

铸锭质量的要求主要是：①铸锭的化学成分应符合成分范围要求，否则不仅恶化加工工艺性能，甚至可能使产品最终组织性能达不到技术要求。②铸锭表面质量良好，应无夹杂、冷隔、裂纹、缩孔、疏松、气孔、偏析等缺陷，表面光洁平整，修理坑应是浅坡形过渡圆滑，表面漏挂的金属应清理掉。③铸锭外形尺寸，符合规定的公差要求。

（2）铸锭规格

确定铸锭规格时应考虑产品品种和规格、生产规模、设备条件及铸造方法等因素。铸锭尺寸为 $H(60 \sim 200) \text{mm} \times B(220 \sim 440) \text{mm} \times$

$L(1000\sim7000)\,$mm，质量（W）在 300～5000 kg 之间时适用于中小型铜加工厂，较小尺寸的铸锭常用于具有特殊性能的合金锭，如框架材料、铍铜弹性材料等。国内外大型铜加工厂的铸锭规格一般为 $H(140\sim250)\,$mm $\times B(625\sim1250)\,$mm $\times L(2400\sim11000)\,$mm，铸锭质量 4～25 t。

铸锭宽度必须满足产品方案中最大带材宽度或数倍产品宽度，并要考虑到切边量的需要。我国目前是按 200 mm 和 304.8 mm 作为倍尺的基础值来考虑坯料宽度设计的；铸坯厚度的确定与铸造方式、加热炉的大小和轧制设备条件等有密切关系。铸锭长度确定是根据产品的长度倍尺的需要和铸锭的厚度来确定的。但长度又常常受到铸锭加热炉宽度的限制。

（3）热轧带坯头尾的处理

铸锭存在冷隔、裂纹、缩孔、气孔、夹杂等，常常集中在头尾，为了保证品质，通常在热轧之前要切去头尾，有的还需要进行铣面。但是，由于在开坯后冷轧时要卷取和建立张力，往往采用所谓"留头轧制法"，带材头尾有相当长缠绕在卷筒上不参与轧制，这部分作为几何废料切除；即使采用"松头轧制法"，带材头尾也因处于非稳定态轧制，其公差和板形都不能满足产品标准要求而需切除。此外，在后续的连续退火、矫平、清洗和剪切过程中还要多次卷取和开卷产生新的头尾需要切除。因而在铸锭的实际生产中，往往采取充分烘烤托座、低落差浇注、缓慢补缩等措施，尽量保证铸锭头尾质量，从而在热轧前不切或少切铸锭头尾，这样可以减少头尾损失，提高成品率。

41. 如何确定铸锭的加热制度？

热轧前给铸锭加热，可以保证热轧时轧件高温塑性，降低变形抗力、消除铸造应力、改善合金的组织状态和性能。

铸锭加热制度包括加热温度、加热时间及炉内气氛。

确定轧件的加热温度时主要考虑合金的高温塑性和变形抗力。对于有高温相变的金属，加热温度要避开脆性区。加热温度的上限一般为金属熔点的 90%，加热温度的下限一般应保证终轧温度不低于再结晶温度。因而铸锭加热温度下限相当于合金熔点的 60% ~ 70%。其确定方法主要是依据该合金的相图、合金高温塑性图，再结合铸锭规格及已有设备的条件而确定。

表 2 - 3 给出大部分铜合金加工用铸锭的热轧温度范围。

表 2 - 3　铜合金加工用铸锭的热轧温度范围表

合　金　牌　号	热轧前锭坯加热温度/℃	热轧开始温度/℃	热轧塑性范围/℃	终轧温度范围/℃
T2、TU2	800 ~ 860	≥760	500 ~ 930	460 ~ 500
H96、H90、HSn90 - 1	850 ~ 870	≥800	550 ~ 900	500 ~ 600
H80、HNi65 - 5	820 ~ 850	≥800	600 ~ 870	550 ~ 650
H70、H68、H65	820 ~ 840	≥780	600 ~ 860	550 ~ 650
H62	800 ~ 820	≥760	550 ~ 840	500 ~ 600
HPb59 - 1、HSn62 - 1、HAl67 - 2.5、H59、HAl66 - 6 - 3 - 2、HMn57 - 3 - 1	740 ~ 770	≥710	550 ~ 800	500 ~ 600
HMn58 - 2、HFe59 - 1 - 1	700 ~ 730	≥680	500 ~ 760	450 ~ 550
QAl 5、QAl7	840 ~ 860	≥830	600 ~ 880	550 ~ 600
QAl 9 - 2	820 ~ 840	≥800	500 ~ 860	500 ~ 600
QSn4 - 3	730 ~ 750	≥680	600 ~ 770	550 ~ 600
QSn6.5 - 0.1	640 ~ 660	≥600	500 ~ 650	450 ~ 500
QSi3 - 1	800 ~ 840	≥760	500 ~ 860	500 ~ 550
QMn5	820 ~ 840	≥790	600 ~ 860	600 ~ 650
QCd1.0、QCr0.5	800 ~ 850	≥760	600 ~ 950	550 ~ 650
QBe2、QBe2.5	780 ~ 800	≥760	600 ~ 820	550 ~ 650
B19、B30、BFe30 - 1 - 1	1000 ~ 1030	≥950	650 ~ 1100	600 ~ 700
QMn1.5、BMn3 - 12	830 ~ 870	≥790	650 ~ 900	600 ~ 650
BZn15 - 20	950 ~ 970	≥900	700 ~ 1000	650 ~ 700
BMn40 - 1.5	1050 ~ 1130	≥1020	800 ~ 1150	750 ~ 850
NCu28 - 2.5 - 1.5	1100 ~ 1200	≥1050	750 ~ 1200	750 ~ 800
BAl 6 - 1.5	850 ~ 870	≥830	650 ~ 900	550 ~ 600

　　轧件的预热、加热和均热时间必须和加热温度、铸锭规格和合金成分等条件综合考虑,以防铸锭过烧或"皮焦里生"。在保证轧件均匀热透的情况下,还应尽量缩短加热时间。

　　加热时间主要和铸锭加热温度和锭坯厚度有关,可根据热交换理论公式计算,一般将炉膛分为 3 区,即预热区、加热区和均热区,最高炉膛温度一般比铸锭允许加热温度高 $30 \sim 50℃$。常采用经验公式估算加热时间

$$\tau = CH \qquad\qquad (2-1)$$

式中:τ——加热时间,min;

　　　　H——铸锭厚度,mm;

　　　　C——经验系数,紫铜取 $0.9 \sim 1.3$;黄铜取 $0.9 \sim 1.6$;复杂黄
　　　　　　　铜及青铜取 $1.2 \sim 2$;镍及镍合金取 $1.5 \sim 2.5$。

　　炉内气氛根据具体合金与气体相互作用的特性不同,选用不同的炉内气氛,以保证铸锭的加热质量。

42. 如何选择和控制加热气氛?

　　加热气氛一般分为氧化性气氛、还原性气氛和中性气氛,形成何种气氛,主要取决于炉内燃料(煤气)与空气的比例关系,空气过剩的形成氧化性气氛,特征是炉门火焰呈金黄色,炉膛内明亮;煤气过剩的形成还原性气氛,炉门火焰呈淡蓝色,炉内黯淡;比例正好的是中性气氛。

　　理想的加热气氛应为中性气氛,但是实际生产中,中性气氛不容易稳定地获得。因此,加热炉内的气氛控制主要根据炉内气氛性质与合金的相互作用特性,以及炉内气氛的成分或杂质对合金的有害影响来确定,其根本原则是,最大限度地减轻炉内气氛对加热的不利影响,避免由此造成的缺陷。

　　紫铜、含少量氧的铜合金、高锌黄铜以及在高温下能形成致密氧化膜的合金,如镍合金等,一般采用中性或微氧化性气氛加热。因为紫铜在还原性气氛中加热时,氢在高温下扩散与氧化亚铜中的氧作用形成水汽,这些水汽或者造成晶界疏松,使铸锭热轧开裂,或者在

铸锭中形成气泡，在后续的轧制中金属表面起皮起泡，致使产品报废，这就是常说的"氢气病"，所以，大多数铜及铜合金都采用微氧化气氛加热，但氧化性气氛的最大害处是氧化烧损，造成金属损失。

高温下极易氧化或易于脆裂的合金如无氧铜、白铜、锡青铜、低锌黄铜等，加热时采用微还原性或中性气氛。

加热铸锭时，对燃料中的硫含量要严格控制，因为铜和镍中渗硫会生成铜或镍的硫化物，削弱了晶界，导致热轧开裂。

控制炉内气氛，一般采用调节空气和燃料的比例来实现，实际的炉内气氛可以取样分析，也可以根据火焰颜色、料色和铸锭加热后的氧化程度来鉴别。

炉膛压力也对炉内气氛有一定影响，一般采用微正压，即炉门缝处微冒火焰为宜。炉膛压力为负压时，冷空气不断吸入炉内，一方面加剧氧化，另外也降低加热效果；炉膛正压过大时，大量尚未完全燃烧的气体从炉门排出，会造成升温缓慢，延长加热时间，也会加剧氧化。

43. 如何确定热轧的终轧温度？

当热轧产品组织性能有一定要求时，必须根据再结晶图确定终轧温度。终轧温度要保证产品所要求的性能和晶粒度。温度过高晶粒粗大，不能满足性能要求，且继续冷轧会产生橘皮和麻点等缺陷，冷轧总加工率较小时，还难以消除。终轧温度过低引起金属加工硬化，能耗增加，同时不完全再结晶可能导致晶粒大小不均及性能不合，或减少后续冷轧的总加工率。终轧温度还取决于相变温度，在相变温度以下，将有第二相析出，其影响由第二相的性质决定，一般会造成组织不均，降低合金塑性，造成裂纹以致开裂。终轧温度一般取相变温度以上 20～30℃。无相变的合金，终轧温度可取合金熔点温度的 0.65～0.70 或比再结晶温度高 50℃ 以上。

控制终轧温度的方法实质是控制热轧过程的温降。要求终轧温度高时，尽量采用加热温度的上限，缩短辅助作业（如运输、换向、导正等）时间，减少冷却水水量；要求终轧温度低时，尽量采用加热温度的下限，适当减缓辅助作业时间，加大冷却水水量。但是含锌接近

40%的黄铜等合金不能进行喷水冷却，冷却过快会产生硬化或裂纹趋势。

44. 如何确定热轧的速度？

为了提高生产率，保证合理的终轧温度应采用高速轧制。但热轧过程是不断硬化和反复软化的过程。硬化和软化的转化方向，关键取决轧件的实际温度，而轧件的实际温度受制于轧件的变形程度和冷却条件。如果轧件的温度保持在再结晶温度以上，则轧件被软化；如果轧件温度低于再结晶温度，则轧件被硬化。为了让温度保持在再结晶温度以上，在总加工率一定的情况下，唯有加快轧制速度尽量减少辐射、传导、对流和冷却液冷却带来的温降。可见，热轧速度不仅直接影响生产率，还影响金属的塑性。

就一个轧制道次而言，对于变速可逆式轧机，开始轧制时为有利于咬入，轧制速度低一些；咬入后升速至稳定轧制，轧制速度较高；即将抛出时降低轧制速度，实现低速抛出。这种速度制度有利于减少温降和提高轧机的生产率。生产中根据不同的轧制阶段，确定不同的热轧速度制度。一般可分为3个阶段：

①开始轧制阶段（即第1~3轧制道次），因为铸锭厚而短，绝对压下量较大，咬入困难，为避免铸造缺陷引起的轧裂，所以采用较低的轧制速度；

②中间轧制阶段（即第4到倒数第3轧制道次），为了控制终轧温度和提高生产率，只要条件允许，应尽量采用高速轧制；

③最后轧制阶段（即最后2个轧制道次），因轧件薄而长，温降大使轧件头尾与中间温差大，为保证产品性能与精度，应根据实际情况选用适当的轧制速度。

45. 如何确定热轧的压下制度？

热轧压下制度主要包括热轧总加工率和道次加工率的确定，其次是轧制道次、立辊轧边及换向轧制等。

（1）总加工率的确定原则

当铸锭厚度和设备条件已确定时，确定总加工率的原则是：①金属及合金的性质。高温塑性范围较宽，热脆性小，变形抗力低的金属及合金热轧总加工率大。②产品质量要求。供冷轧用的坯料，热轧总加工率应留有足够的冷变形量，以便控制产品性能等；对于热轧产品，为保证性能要求，热轧总加工率的下限应使铸造组织转变为加工组织。③轧机能力及设备条件。轧机最大工作开口度和最小轧制厚度差越大，铸锭越厚，热轧总加工率越大；但铸锭厚度受轧机开口度和辊道长度等限制。④铸锭尺寸及质量。铸锭厚且质量好，加热均匀，热轧总加工率相应增加。

（2）道次加工率的确定原则

制订道次加工率应考虑合金的高温性能、咬入条件、产品质量及设备能力。不同轧制阶段道次加工率确定的原则是：①开始轧制阶段，道次加工率比较小，以满足咬入条件。②中间轧制阶段，随着金属加工性能的改善，如果设备能力允许，应尽量增大道次加工率。③最后轧制阶段，温度较低，变形抗力较大，其压下量应在控制带坯凸度的基础上，保持良好的板形条件和厚度偏差，一般道次加工率减小。

（3）轧制道次

轧制道次取决于道次加工率的分配。一般总加工率大，道次加工率小，铸锭较宽时，轧制道次数多。在可能的条件下，应减少轧制道次。此外还应考虑轧制终了道次的出料方向，一般出料方向和铸锭进轧机的方向一致，因此轧制道次多为奇数。

究竟需要几道次、每一道次的加工率多大，应该通过轧制力计算结果来确定。原则是每道次的轧制力应在轧机允许轧制力范围内，各道次相差不应过大。在小铸锭热轧或中厚板轧制时，为了减少板带材性能的方向性，或者为了用窄锭（板）坯生产宽板，需安排轧件换向轧制。通常换向轧制安排在最初的几道次。

46. 如何选择热轧的冷却润滑液？

热轧冷却的作用是为防止轧辊温度急剧升高，减小轧辊龟裂，延长轧辊寿命；冷却轧辊，以免轧辊过度受热引起辊型凸度过大，从而保持良好的板型；保持辊面清洁等。

热轧润滑的目的是为减少轧制时轧辊和轧件之间的摩擦所附加的能量消耗，提高轧辊的耐磨性，防止辊面粘着金属，提高轧件的表面质量。

热轧对冷却润滑液有如下的要求：闪点高；燃烧后不留残灰；黏度适当；不腐蚀轧辊和轧件；有良好的冷却效果；资源丰富和价廉等。

铜合金热轧时，大多采用工业新水或循环水直接喷洒到轧辊上，冷却水的成分不应腐蚀轧辊、轧机部件及轧件，温度一般控制在35℃以下，以提高冷却效果。但水的润滑效果较差，因此，现代大多数热轧都采用低浓度（0.1%～5%）乳液作为冷却润滑液。由于乳化液中水受辊面加热蒸发，带走辊面上大量热量；而油分子留在辊面上，形成薄薄的油膜，可减少摩擦，防止辊面粘铜和进一步划伤。因此用乳液作为工艺润滑剂，比直接用水可获得较高的轧辊寿命和提高轧件的表面质量。

47. 热轧辊的技术要求有哪些？

热轧辊的技术要求主要有：

（1）辊径

轧辊的辊径 D 根据最大咬入角 α 和轧辊强度条件要求来确定。

$$D \geqslant \Delta h / (1 - \cos\alpha) \qquad (2-2)$$

式中：Δh——道次压下量，mm；

　　　α——取 15°～20°。

（2）最小辊径

应根据最大道次压下的咬入角来确定。还要根据轧辊轴承、轧制力、传送扭矩及重磨量来确定，这是轧机设计的一个重要参数，为了使轧辊使用寿命延长，其允许重磨量要大。大型铜的热轧辊重磨量达到90～100 mm，一般占工作辊直径的10%左右。热轧辊的每次重磨量为0.5～3.0 mm，视龟裂情况而定。

（3）材质

　　热轧辊工作时，轧辊与高温轧件接触并承受冷却水急冷的交叉
反复作用，需经得起所产生的较大温度应力疲劳；热轧辊除承受弯曲
应力与扭转应力的反复作用外，还承受锭坯咬入时的冲击负荷。因
此，热轧辊一般采用耐热钢，如 70Cr3NiMo、60CrNiMo、6CrMnV、
60SiMnMo 等，铸造或锻造而成；

　　（4）硬度

　　热轧辊一般取 HS60~65。支承辊为 HS45~50。

　　（5）表面粗糙度

　　热轧辊的表面粗糙度 Ra 一般取 $Ra0.4~0.8$ μm。

　　（6）精度

　　轧辊的制造精度即轧辊的椭圆度、同轴度、圆锥度和两辊辊径差
等参数应有严格要求，否则将影响产品精度。为保证轧辊的安装和
使用精度，必须对轧辊的配合尺寸与形位公差选取合适的精度。

　　（7）辊型

　　为轧出横向厚度均匀的带材，轧辊辊型尤为重要。辊型有两大
类：一类是用轧辊磨床磨出所需要的辊型；另一类是通过调节的方法
产生不同的辊型。目前一般轧机上都在采用固定辊型，热轧用凹形
辊型，热轧辊辊型一般为 -0.5 mm 左右。

　　（8）探伤

　　不允许有裂纹、气孔、夹杂和疏松。

48. 怎样选择和调整热轧的轧辊辊型？

　　热轧时，由于轧辊的弹性弯曲与弹性压扁、轧辊不均匀热膨胀及
轧辊磨损等影响，容易致使热轧板坯的横向厚度公差及板型不良。
为了提高板型与横向厚度精度，充分利用设备，稳定操作，以及有效
地减轻辊型控制的工作量，强化轧制过程，提高生产效率，热轧轧辊
辊型一般选择凹形辊。凹形辊不仅有益于轧件咬入，减少轧件边部
拉应力造成裂边的倾向，而且防止轧件跑偏，增加轧制过程中的稳定
性。一般来说，轧制硬合金，凹度取下限；轧制软合金，凹度取上限。

　　热轧辊辊型调整方法主要有：①调温调整法。沿辊身设有分段

调温装置，给热轧辊分段冷却或者预热，改变并调整辊身的温度分布，以调整辊型。②变弯矩调整法。通过改变道次压下量、轧制速度，从而改变轧制压力，以此来调整轧辊弯曲挠度，及时补偿辊型变化。③液压弯辊调整法。通过液压缸的压力使工作辊或支撑辊产生附加弯曲，实现辊型调整。

49. 热轧带坯铣面的作用是什么? 与酸洗相比有什么优劣势?

（1）铣面的作用

热轧带坯铣面的作用主要是去除热轧带坯表面的氧化皮、脱锌及水平连铸带坯表面气孔、偏析、表面和边部裂纹等缺陷，保证带坯表面质量和厚度、纵向公差要求。

进行双面铣的带坯厚度公差、宽度公差、板形要符合铣面带坯的要求。如表2-4所示。

表2-4　铣面带坯的要求

带坯宽度 /mm	厚度公差/mm		宽度公差 /mm	板形
	纵向	横向		
≥800	±0.30	±0.20	±0.15	头尾的侧边弯曲度 不大于8 mm/m
<800	±0.15	±0.10		

（2）优劣势

与热轧后酸洗的技术相比，采用专用铣面机对板带材表面进行铣削具有显著的优势，主要体现在：①有利于改善劳动条件、提高生产效率和降低强度。②可改善带坯表面因热轧或连铸所造成的板型不好情况，铣后厚度均匀，表面缺陷去除较彻底，不需要再进行表面修理，有利于减少工艺废品。③板带材表面没有酸渍和残存的氧化铜粉，有利于提高成品的表面质量。④铣屑和氧化皮可以集中收集，打包后入炉或直接入炉，提高了材料的利用率。⑤省去了废酸废水的处理工艺和设施，避免了对环境的污染。

但由于铣面几何损失较酸洗大，降低了成品率。某些黏性较大或切削性能差的合金，如含镍、锰、铝的铜合金，铣削时容易粘刀，使用高速工具钢铣刀，每铣 900~1500 m 就需要重新磨刀，铣刀寿命低，需要经常更换。同时铣面时需要矫直、抽屑、刀具研磨等专用设备，投资多，占地面积大。

50. 铜带坯铣面技术发展趋势是怎样的?

由于铣削带坯上表面时清除铣屑困难，传统的带坯铣削生产大多采用单面铣，这种方法效率低。自从铣面机引入了大功率（达 200 kW 以上）的旋风抽屑装置，解决了上表面的排屑问题，目前普遍采用双面铣削机。同时由于市场对高质量板带产品的需求，在双面铣削机的基础上又增加了铣边、刷洗表面、甚至是去应力倒角和张力衬纸卷取等多项功能。

随着铜板带生产技术的整体发展，对带坯铣面的要求也越来越高。在产能上要求铣削的坯料范围更大，厚度从 7~19 mm，宽度从 330~1300 mm；铣面机速度也从 5~10 m/min 发展到 10~25 m/min，目前世界上最大的铣面速度已达 35 m/min 以上。铣面时要求能最大限度地改善热轧或连铸带坯的表面质量，最大的铣面深度单面达 1 mm，单边铣边深度 10 mm，有效地防止热轧中部微凸起的板型缺陷；在工艺品质上要求产品厚度偏差更小，纵向厚度偏差小于 0.05 mm，横向厚度偏差小于 0.03 mm；在表面质量上要求表面粗糙度小于 $Ra6.3$、$Rz10$ 或 $Ry15$，经处理后的带材表面不允许有任何形式的污渍、铜粉、表面残留物和表面划伤。

在布置的方式上，热轧后的坯料广泛采用离线铣削或离线和在线并用两种配置，在线配置必须考虑和热轧机的匹配问题，以避免换刀或停车影响热轧机或加热炉的产能；水平连铸的坯料铣面可采用在线式布置，也可采用离线式配置。水平连铸坯采用离线式的铣面与在线式的铣面相比多了一台卷取设备，增加了投资，但铣面的工艺更加灵活，刀可重磨，有利于提高产品的质量。

目前先进的带坯铣面工艺路线为：开卷→矫直→液压剪切头尾→表面预处理→铣边→边部倒角（或去毛刺）→铣下面→铣上面→带坯

表面刷洗、挤干→张力衬纸卷取→称重并出料

51. 双面铣机列的结构特点是什么？ 铣削参数如何选择？

（1）双面铣机列的结构特点

双面铣的基本结构包括开卷机、矫直机、刷辊、侧边铣装置、下铣装置、上铣装置、测厚仪、液压剪、（张力）卷取机、铣刀润滑、收屑装置、衬纸装置及铣刀快速更换装置等。

双面铣机列带有测厚功能（可实现铣削前、后的厚度测量）、带坯的对中功能，可以实现恒厚度和恒铣削量铣削，及恒宽度和恒边铣量铣削，以满足生产的不同工艺需要。目前，先进的双面铣机列可实现对带坯矫直后进行上下面清刷氧化皮功能，并对带材在铣削过程中的防震动有较好的预防和控制手段。

（2）铣削工艺参数

铣面时要合理选择铣削工艺参数。铣削工艺参数选择原则如下：

① 铣削的速度

在铣削功率和铣削深度一定的情况下，铣削的速度主要取决于铣刀的转速（线速度），不同的材料选用的铣削速度也不相同，主要应考虑铣刀的切削能力和成品表面的质量要求。推荐的铣削速度和铣刀的转速如表 2 - 5 所示。

表 2 - 5　高速工具钢铣刀转速和铣削速度

材料	铣刀转速/(m·min^{-1})	喂料速度/(m·min^{-1})
黄铜	400 ~ 600	8 ~ 14
紫铜	800 ~ 1000	10 ~ 15
青铜	250 ~ 500	5 ~ 8
白铜	350 ~ 500	6 ~ 10

②铣削的深度

铣面的单面铣削量一般为 0.20 ~ 0.5 mm，最大时可达 1.0 mm，

主要根据坯料的表面缺陷轻重程度决定。铣边的深度一般为 2 ~ 5 mm，最大时可到 10 mm，同样也应根据带坯的边部缺陷程度确定。原则上铣边应保证完全去除边部裂纹，改善或修整其他边部缺陷。为消除边部毛刺和应力裂纹情况，最好对带坯边部进行倒角或去毛刺处理。

典型铣面机铣削深度和铣削速度见表 2 - 6。

表 2 - 6　铣面深度和铣削速度

	铣面深度 /mm	喂料速度 /(m·min^{-1})	铣刀功率 /kW	坯料宽度 /mm
铣面机 1	0.8	12.8	480	1250
	0.67	15	480	1250
	0.56	18	480	1250
铣面机 2	0.7 ~ 1.0	12	432	1280
	0.2 ~ 0.7	18	432	1280
铣面机 3	0.8	10	500	1250
	0.7	12	500	1250
	0.6	14	500	1250
	0.5	16	500	1250

铣面后的带坯应去除表面缺陷、边部裂纹，具有较小的厚度偏差和宽度偏差，表面干净光洁、无划伤、刀痕浅、无尖峰和毛刺。

2.2　冷轧

52. 冷轧的特点是什么?

冷轧是将带坯在低于材料再结晶温度的常温状态下轧制，达到使带坯减薄到成品尺寸的加工工艺过程。铜及铜合金板冷轧用带坯多采用热轧供坯，只有不宜热轧的合金品种，或者建设规模较小，需供坯量过少，无法采用热轧供坯时才采用水平连铸供坯，直接冷轧生产。

冷轧可分为粗（初）轧、中轧和精轧。冷轧中间退火前的总加工率，随着合金不同有所区别，一般在 50% ~ 90%，个别可达 95%。加工工艺中常把 12 ~ 18 mm 的带坯冷轧到 1 ~ 4 mm 称作粗轧开坯。

相对于热轧，冷轧的特点是：①材料的变形抗力大，易加工硬化，因而道次加工率和总加工率都受到限制。②产品性能、密度和精度比较高，表面质量与板形也好。③能生产薄板带和箔材。④通过控制不同的加工率或配合成品热处理，可获得各种状态的产品，满足不同的使用要求。⑤冷轧速度高，可达到 600 ~ 800 m/min。⑥热轧后带坯的最小厚度通常不小于 3 ~ 6 mm，而冷轧可达 0.05 mm，甚至更薄。

53. 冷轧机的功能配置和特点是什么？

为了保证能高效率地生产出高精度的板带材，现代冷轧机的功能越来越完善。其功能配置主要有：①自动对中功能，防止轧件跑偏，影响板形；②辊缝的自动调节功能，可以实现恒辊缝或质量流等控制理念，达到厚度自动控制；③辊型的自动调节功能，保证制品板形平直；④张力自动调节功能，建立张力轧制，防止断带、跑偏；⑤速度自动控制功能，可实现无级调速和准确停车；⑥具备快速换辊以及轧件自动上卷、开卷、直头、剪切、卷取、捆扎、卸卷、自动称重等功能，缩短辅助时间；⑦冷却和润滑自动调节功能，可实现轧辊分段冷却，控制板形；⑧抽吸润滑液功能，使制品表面残油最少；⑨润滑液自动连续过滤功能，保证润滑液清洁；⑩自动灭火功能，在全油润滑的轧机上防止发生火灾。

54. 粗轧机的机型有哪些？各有什么特点？

目前生产中常用的铜带粗轧机共有以下 5 种机型。这几种机型所以能够并存，因为它们都可以正常使用，在使用中各有利弊，各自适应不同的情况。

（1）机型 I

冷轧机机型 I 如图 2 - 1 所示。

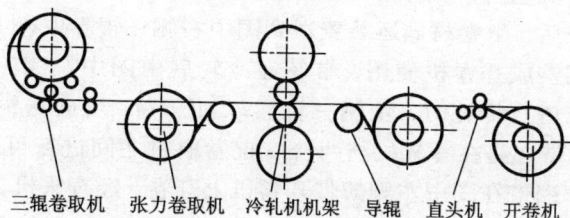

图 2-1　冷轧机机型 I

在这种机型上，厚带坯是采用不可逆冷轧方式进行成批冷轧的，每道次带卷均在开卷机上开卷，经直头矫直后，带材进入轧辊冷轧，一直轧到厚度为 5.5~6.0 mm，然后由三辊卷取机将轧后的带材卷起来。厚度小于 6 mm 时，采用轧机两侧 ϕ500 mm 的张力卷轴进行可逆冷轧，一直轧到 0.5~2 mm。

该机型用在厚料不可逆轧制时，其优点是对短料带头带尾浪费少。成批轧制，每批料带厚一致，各卷间的厚差小，有利于小卷重料焊接成大卷轧制以提高成品率。此外，轧制较长料时开卷机可以产生一定的后张力，有利于稳定轧制。缺点是卷材返回比较麻烦，需加一套卷材返回机构，占地面积大，投资高，而且每次轧制都需要开卷，增加辅助时间。

（2）机型 II

冷轧机机型 II 如图 2-2 所示。

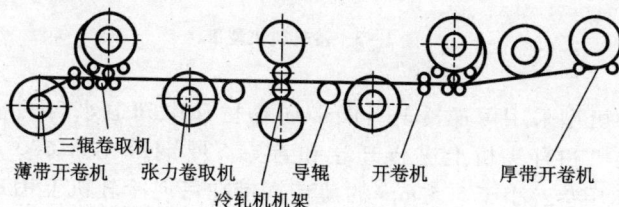

图 2-2　冷轧机机型 II

用这种机型生产的铜带坯在厚带开卷机上直头开卷，使带头展开 1 m 多长后，由卷材储运装置送到图中右侧三辊卷取机上，这时三辊卷取机调整成开卷机使用，带坯经冷轧后由图中左侧三辊卷取机成卷。第二道次冷轧时，左侧三辊卷取机开卷，反向送铜带进行冷轧，即厚铜带坯是在冷轧机与两台三辊卷取机之间进行可逆轧制的。退火后的薄铜带在图中左侧薄带开卷机上开卷，经直头机，辊缝开启的三辊卷取机进入冷轧机轧制，轧后的铜带卷在左张力卷取机上成卷。第二道次轧制后铜带即卷取在右侧张力卷取机的卷筒上，以下均按可逆轧制方式进行，直到生产出成品铜带材。

机型 Ⅱ 的优点是对来料带材内径大小没有严格的要求，适应性大，可逆轧制不需要带材返回机构，设有厚料开卷与薄料开卷两套机构。在轧制中厚料开卷、卷取均用三辊无芯卷取机，因而无法产生前后张力，料在无张力情况下轧制不稳定，轧速低。这种机型还有设备多、机组长、设备质量较大等缺点。

（3）机型 Ⅲ

冷轧机机型 Ⅲ 如图 2-3 所示。

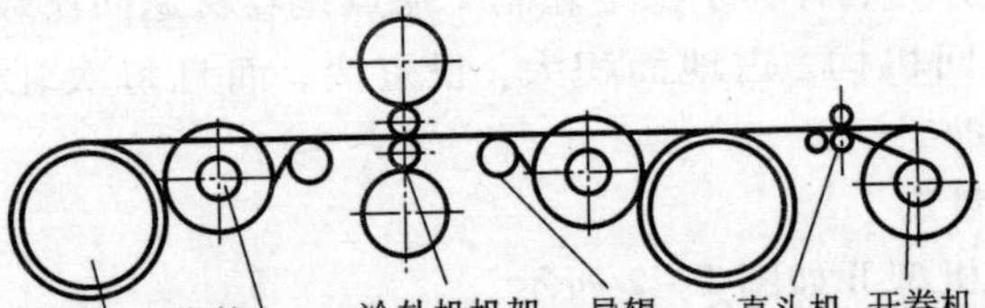

$\phi1600$ mm 卷筒　　冷轧机机架　导辊　　直头机　开卷机
张力卷取机

图 2-3　冷轧机机型 Ⅲ

这种机型采用可逆冷轧，铜带坯卷材和中间退水后的卷材均在一个开卷机和直头机上进行开卷和直头。厚铜带在 $\phi1600$ mm 卷筒上卷取与开卷。小于 5.5 mm 的薄带铜带在可逆冷轧机上用 $\phi500$ mm 卷筒开卷与卷取。由于 $\phi1600$ mm 卷筒为不可胀缩，所以出料都在 $\phi500$ mm 卷筒上进行。

机型 Ⅲ 的优点是轧厚料时也是可逆轧制，并在带张力的情况下

轧制，因而轧制状态稳定，厚料轧速也可提高。大卷筒直径为
$\phi 1600 \sim 2000$ mm，在带张力情况下带材弯曲半径大，对轧制锡磷青
铜及铸造带坯有利，不易产生裂纹，缺点是轧制短料不方便，设备
庞大。

（4）机型Ⅳ

冷轧机机型Ⅳ如图 2-4 所示。

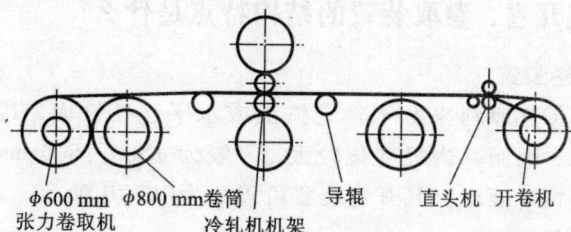

φ600 mm　φ800 mm卷筒　　　导辊　　直头机　开卷机
张力卷取机　　冷轧机机架

图 2-4　冷轧机机型Ⅳ

这种机型与机型Ⅲ的不同点是它只有 3 个卷筒和一套开卷机，不
论薄的铜带与厚的铜带都用轧机两侧 $\phi 800$ mm 卷筒的张力卷取机实
现可逆轧制。由于 $\phi 800$ mm 卷筒只有钳口而不能胀缩，所以轧制后
的出料一律卷在 $\phi 500$ mm 卷筒上。

机型Ⅳ，其优点是厚料薄料都用 $\phi 800$ mm 卷筒实现可逆轧制，
并且是带张力轧制。该机组设备组成少，结构简单、紧凑；缺点是这
种形式卷筒为中鼓轮，轧制热轧后铣面料比较可靠，轧制铸造坯料或
锡磷青铜等，厚料卷取时带材弯曲仍在弹塑性区内，可能会产生裂
纹，基本上不影响质量；用一个 $\phi 500$ mm 卷筒只能单道次出料；一般
情况力能参数小一些，因而造价低。

（5）连轧机

连轧机(有二连轧、三连轧等)：其机列组成为开卷机、直头矫直
机、机前导位装置、第一机架、机后导位、张力辊、机前导位装置、第
二机架、机后导位、剪切、卷取机、上料/卸卷小车等。

这种机型要求各机架之间被轧金属秒流量相等。它与单机架轧

机比，减少了开卷机、直头机、剪切机、卷取机等辅助设备的数量，减少了辅助作业时间，减少了占地面积。轧机选用不可逆轧机。它适用于规格变化少，品种单一、大卷重、产量规模大的品种生产。这种机型广泛用于钢铁热连轧和冷连轧，铝板带生产近年来兴起所谓"1+4"就是一台热轧机后面配冷四连轧轧机，在铜加工企业中冷连轧的方式也有选用。

55. 粗轧机开卷、卷取装置的结构特点是什么?

（1）开卷装置

由于铜带坯厚料来源于热轧铣面或水平连铸铣面，其卷取机多为三辊卷取，因而其内径变化较大，一般为 $\phi500 \sim 800$ mm，对开卷设备有一些特殊要求。其开卷装置可以分为以下几种。

1）开卷箱

它适用于厚料开卷，只要求外径控制在一定范围内，对内径的大小没有限制。其结构有上压式与侧压式两种。其优点是结构简单、重量轻，缺点为开卷时不能产生后张力。

2）大胀缩量开卷机

①四棱锥式开卷机。其胀缩范围一般为 $\phi470 \sim 620$ mm（或 $\phi580 \sim 730$ mm）胀缩量可达 150 mm，由液压缸胀缩。结构为悬臂式，其他部分与一般开卷机相同。

②油缸驱动齿轮齿条式结构。其胀缩部分为悬臂式结构，一般用于带宽不大于 450 mm 窄带；带宽 600 mm 以上需采用双锥头开卷，其胀缩范围为 $\phi470 \sim 900$ mm，一般为四瓣式，胀缩范围大。

③油马达驱动伞齿轮带动丝杆螺母使其卷筒块开合式开卷机，胀缩部分为悬臂式，一般用于窄带，其带宽不大于 450 mm。

厚带开卷机在设计中一定要保证有足够大的开卷力，要求有强有力的开卷驱动压辊，位置恰当的直头刮刀，足够大的送料力，将带头送往轧机。开卷机由对中液压缸驱动对中，其移动量为 ±50 ~ ±100 mm，移动滑轨为滑板式或直线滚动轴承式。

3）薄带开卷机

　　厚料为开卷箱式结构时，其薄带开卷应另设薄带开卷机。其来料为卷筒卸下来的退火料，卷材内径为固定值。为了上卷方便，其开卷卷筒的胀缩范围一般为 $\phi470 \sim 520$ mm（或 $\phi580 \sim 630$ mm），胀缩量为 50 mm。薄带开卷机应具有开卷驱动压辊，直头刮刀和足够大的送料力。开卷机能左右移动对中，其对中量为 $\pm 50 \sim \pm 100$ mm。

　　（2）卷取装置

　　由于来料厚度范围很大，所以粗轧机卷取机设计比较复杂，各型轧机的特点主要表现在卷取结构上，各种机型不再重述。卷取机结构有以下特点。

　　①三辊卷取机。既能做卷取机用，也能做开卷机用。其特点是两个下辊能分别调节，以满足特殊需要。

　　②不可胀缩的卷取机分为外径 $\phi1600$（$\phi2000$）mm 的大鼓轮型和 $\phi800$ mm 的中鼓轮型。其钳口由液压缸驱动，可分为大开口型，最大开口度可达 150 mm。小开口型，其开口度一般为 $20 \sim 40$ mm。这种卷筒可形成张力，做往返轧制，但其无法卸卷，多用于厚料轧制，也可轧制薄料。

　　③用于装退火料可胀缩卷筒。这种卷筒一般采用两级胀缩，胀缩范围比一般卷筒要大，其目的是为了上料方便，上料后对料卷胀的更紧。这种卷筒可以做卷取机，也可用于上料的开卷机。

56. 带材开坯卷取有哪几种方法？各有什么特点？

　　单机架铜板带轧机厚规格卷取时，常用 3 种形式：无芯卷取、张力卷取、中鼓轮卷取和大鼓轮卷取。

　　（1）无芯卷取

　　无芯卷取是由三辊卷取机把带材弯成直径 $500 \sim 700$ mm 的圆筒形，靠弯曲后的力把带材压紧成带卷，因此可看作塑性弯曲占主导地位的卷取方式。对于厚度大于 6 mm 以上的带材，通常多采用辊式卷取机。它是利用三辊弯曲成形原理来将带材卷成卷的。各圈之间比较松散，"塔形"也较大。其结构主要是有工作辊，空转辊和导板组成。

（2）张力卷取

一般来说，在轧制厚度小于 8 mm 的带材轧机上，都装有张力卷取设备。张力卷取机不但用来卷取轧件，同时还使轧件在轧制过程中产生前后张力，实现张力轧制，有利于限制轧件宽展及采用高速轧制，并能降低金属对轧辊的单位压力，增大加工率，改善带材的板形，从而大大提高成品率和生产效率。带材各圈之间非常紧密，开卷时需用压力辊压紧，各圈之间才不会因弹性恢复而互相擦伤。其主要结构是张力卷筒或带胀、缩钳口的卷筒，它是张力卷取机的主要组成部分。带胀缩钳口的卷筒常用于 1.0 mm 以上稍厚的带材，而套筒式则用于薄带直接缠绕。卷取分为上卷取和下卷取两种配制方式。上卷取多用于粗轧厚带，可以减小开卷时带材的反向弯曲，减轻由于弯曲应力过大产生带材表面裂纹的可能性。

（3）中鼓轮、大鼓轮卷取

目前新建轧机一般采用大鼓轮式可逆冷轧机，大鼓轮取代了无芯上卷取方式，它是按弹 - 塑性理论，根据第一道轧制后坯料的厚度，在张力的作用下弯曲，所计算出的极限弹性弯曲半径，作为大鼓轮卷取卷筒的半径设计的参数。

运用大鼓轮主要解决带材坯料刚开坯几道次，因卷取弯曲产生塑性变形时带材变形抗力的增加，提前产生表面裂纹的问题。中鼓轮是指采用直径为 $\phi800 \sim 1000$ mm 的卷径进行张力卷取的一种方法，其介于大鼓轮和无芯三辊上卷取方式两者之间。无论采用哪种方式卷取 6 mm 以下带坯用直径为 510 mm 或 610 mm 的可逆张力卷取机都是必需的。大鼓轮和张力卷取、恒辊缝、大力矩、大压下量是单机架粗轧机的主要特点。

以轧制锡磷青铜为例，采用大鼓轮轧制可从 16 mm 经多道次轧制终轧到 2.5 ~ 2.7 mm 不会裂边；中鼓轮可轧到 3.9 ~ 4.2 mm；而采用三辊上卷取轧到 3.5 ~ 6 mm 时，易产生裂边和表面裂纹，影响轧制。

57. 粗轧机机前机后装置有哪些? 各有什么用途?

（1）直头送料装置

①五辊直头送料装置：其结构为一对夹送辊及上辊可调的三辊矫直部分，其驱动为交流电机、齿轮分配箱、万向接轴和超越离合器等组成，送料速度为轧机的给料速度，开卷轧制时超越离合器工作。直头刮刀及压辊也安装在该设备上，多用于厚料。

②三辊直头送料装置：其两个辊有一定的偏心量，起夹送作用，第三个辊高度可调与前两个辊一起起到矫直作用，该机构一般驱动前两个辊，由万向接轴和超越离合器等组成，装有直头刮刀，用于薄带直头送料。

（2）强迫送料压板

只有粗轧机才有，作用时将料压住，强迫送入旋转的轧辊中，可加大道次压下量，减少轧制道次。其结构为液压驱动带导向的上压板产生足够大的压紧力，将其压住的铜带送入旋转的轧辊。

（3）挤干辊装置

将轧制时的乳液或轧制油初步除去，防止大量液体流出以影响测厚精度。其结构为液压缸驱动的橡胶辊。

（4）侧导卫装置

作用是使进入轧机的带材对中后进入轧辊。其结构为用丝杠螺母调整对中宽度，用液压缸打开或夹住。其调宽可以手动或油马达驱动。

（5）测厚仪及支架

多用接触式测厚仪测量带材厚度，由液压缸完成测厚仪的投入与退出动作，支架为焊接结构。

（6）真空抽吸装置

目的是除去带材表面及两边残留的轧制油或乳液。其结构多为六辊式，上、下偏心 50 mm，并有压下定位螺丝控制压下量，其升起与压下由两侧液压缸完成，沿两侧导向柱上下滑动，其气路为中间进气两侧抽吸，在带材表面形成大的风速，使液体挥发。抽吸管路由蝶阀控制出料侧打开经粗过滤精过滤，由萝茨风机排到油雾净化装置净化排出。在有条件的地方，可加一对气动压紧的星形尼龙条清除残留液体，以达到完美的除油效果。

（7）偏导辊测速装置

作用是保持带材的轧制水平及带材卷取转向，两侧可装脉冲发生器用以测量带材速度。结构为淬硬表面的金属辊，两侧轴承支撑。为了防止与带材打滑可以加驱动电机，效果较好。

（8）板型辊

测量带材板型，闭环控制轧机达到全机自动化。板型辊有很多种结构，因此其安装位置各有不同，如 ABB 板型仪安装在偏导辊位置即可。空气轴承式板型仪则要安装在偏导辊与轧机之间。板型仪有压磁式、压电晶体式、空气轴承式和高精度传感器式等。

58. 精轧机的发展趋势是怎样的？

精轧机是生产高精度薄铜带成品的主要轧机。由于铜带深加工生产线的大量出现，对铜带产品提出了很多新的要求。首先是铜带的高精度，一般铜带精度要求达到成品厚度的 ±1%（目前国产铜带精轧机已达到精轧机 0.5 ± 0.004 mm、0.1 ± 0.002 mm）。其次是高的表面质量，这就要求热轧或水平连铸后的带坯进行铣面以消除带材表面缺陷和中间凸度；另一方面要实现全油轧制，获得好的表面质量。由于产量的不断扩大，再加上现代化轧机的大卷重，因而薄带长度达到数千米，这就给轧机高速工作创造了条件。一般精轧机的轧速达到 600 m/min。随着控制水平的不断提高，精轧机的轧速可达到 800 ~ 1000 m/min。这就要求轧机制造精度和齿轮、轴承等精度有相应的提高。

59. 精轧机开卷、卷取装置的结构特点是什么？

（1）开卷装置

由于铜精轧机均为可逆轧机，开卷机只用于第一道次的开卷。所以其开卷机速度较低，一般为 120 ~ 240 m/min。张力变化也比卷取机的范围小，很少用机械变速。卷筒胀缩范围一般为 $\phi470$ ~ 520 mm（或 $\phi580$ ~ 630 mm）。其胀紧以最大卷径、最大张力时不打滑时的张力为准。卷筒结构一般为四棱锥。

为了满足对中要求，开卷机一般可左右移动±50 mm，其动力为油缸。对中信号由带材检测装置发出，通过比例伺服阀控制油缸动作，以保证进入轧机的带材始终在轧机中心。

开卷机压辊为驱动压辊，其摆动由液压缸完成。

（2）卷取装置

为可胀缩卷筒，其卷筒直径为 $\phi500$ mm（或 $\phi610$ mm），大卷重的出现对卷筒的径向压力很大，对卷筒的结构与强度提出更高的要求，其胀缩缸的大小由径向压力、卷筒结构、强度等决定。为达到卷筒刚度可调，可采用套筒轧制和增加卷轴端头支承，以减小对卷筒的径向压力。

减速机大部分采用高精度硬齿面齿轮机械变速、气动离合；采用多台电机驱动，中间加离合器，可单台电机或多台电机驱动，以达到张力数十倍的变化，又满足张力精度要求。其张力精度应达到稳态时±2%最大张力；加减速时达到±5%最大张力。卸料推板，由两个上导柱导向，液压缸驱动，推板上有弹簧压紧的润滑块，保证钳口部的料头推出，防止卸料形成塔形。

60. 精轧机机前机后装置有哪些？各有什么特点？

由于是可逆轧机，机前机后基本相同，只是有时入口侧设一台剪子，其组成有直头送料装置、五辊展平辊（或三辊展平）、侧导辊装置、测厚仪、真空抽吸装置、剪子和偏导辊等，装备精良的轧机安装有板型辊。根据速度测量的特点来决定偏导辊上是否安装测速脉冲发生器，高速轧机常用激光测速仪测量带材速度。工作辊和支承辊的轧辊分段冷却梁及吹扫喷嘴安装在导板处。

（1）直头送料装置

可摆动与伸缩的直头刮板，由液压缸驱动并固定在三辊直头装置上。薄带直头一般用三辊直头装置即可，其前部有一对有一定偏心量的夹送辊，由液压马达驱动，后部为一可调高度的矫直辊，其高度调节由电机、蜗轮蜗杆、丝杠组成夹送辊上辊由液压缸抬起压下，保证同步运动。

（2）五辊展平装置

结构为上两辊下三辊，交叉排列，上辊由液压缸升降。

（3）侧导辊装置

用丝杠定位，液压缸开合，将进入轧机的带材导正，送入轧辊。

（4）测厚仪进入与退出机构

测厚仪有接触式测厚仪和非接触式测厚仪。铜带多用前一种，其最大使用速度为 500 m/min，进退由液压缸完成。

（5）液压剪

用于料头的剪切，薄带多用单斜刃液压缸驱动。

（6）真空抽吸装置

其形式有六辊式，四辊式和尼龙条式，在带材表面形成高速气流，使液体挥发并将边部油滴抽走，或吹进高速气流，达到将带材表面的油除去的目的。其抽吸动力多采用真空泵或罗茨风机等。

（7）工艺润滑装置

为了获得高质量的带材表面，现代化精轧机几乎都用全油润滑。其组成由污油箱、净油箱、泵、加热器、冷却器和板式过滤机等。为了控制轧辊辊型，喷嘴采用多种流量组合和分段控制，以采用各种不同型式组合消除板型缺陷。用气动电磁阀控制喷嘴打开与关闭。组合可以手动单独调整，也可由板型仪成组调整。

61. 怎样选择和配置冷轧机？

冷轧机的选择包括：用途选择、辊系的选择、轧辊尺寸的选择和轧制速度的选择。

①选择轧机形式主要根据轧件的尺寸、产品品质及生产率等确定。单片轧制的板材轧机一般选二辊不可逆或可逆轧机；成卷带材一般选用四辊轧机；薄带材轧机选用工作辊直径小的多辊轧机。常用冷轧机的形式见图 2 - 5。

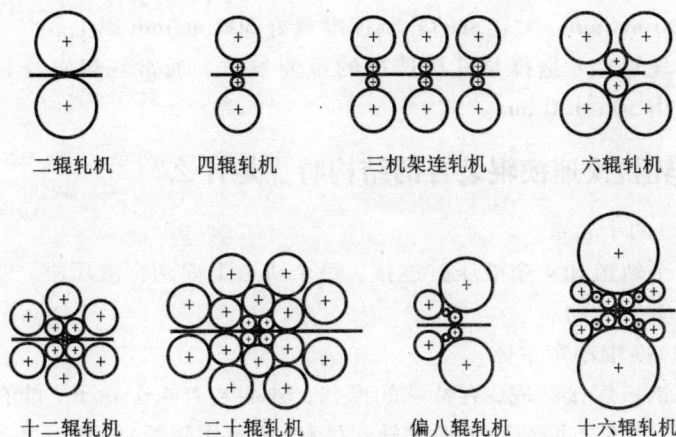

二辊轧机　　　四辊轧机　　　三机架连轧机　　　六辊轧机

十二辊轧机　　　二十辊轧机　　　偏八辊轧机　　　十六辊轧机

图2-5　常用冷轧机的形式

②轧制产品的最大宽度与最小厚度比是选择轧机的重要尺寸参数。如表2-7所示。

表2-7　冷轧机的主要尺寸参数选择

轧机形式	L/D	D_0/D	B_{max}/h_{min}
二辊	0.5~3	–	500-2500
四辊	2~7	2.4~5.8	1500~6000
六辊	2.5~6	2~2.5	2000~5000
十二辊	8~14	3~4	5000~12000
二十辊	12~14	3.7~8.5	10000~25000

注：L—辊身长度；D_0—支撑辊直径；D—工作辊直径；B_{max}—最大轧件宽度；h_{min}—最小轧件厚度

③在满足产品品种及规格的要求时，优先选用辊数少的轧机；小批量多品种采用不可逆及单机架轧机，大批量且品种单一时，多采用

可逆的四辊和多辊轧机。带式法生产尽量选用高速轧机。速度一般大于 200 m/min。大卷重的轧制速度最好 500 m/min 以上。

④轧辊尺寸选择是轧机选择的重要参数。通常轧辊辊身长度比轧件宽出 50 ~ 120 mm。

62. 冷轧机快速换辊装置的结构特点是什么?

(1)两个轨道

两个轨道和 4 个液压缸连接,每个轨道上面两个液压缸,安装在与牌坊垂直方向。

(2)换辊小车主体

由钢板焊接制成,有特殊的形状,轴端装有 4 个轮子,能在轴承上转动,小车有两个位置的导轨,左侧(从操作侧看)放置待装入的工作辊,右侧放置抽出的工作辊。小车在安装在底板上的轨道上面行走,在机架正前面,用于将工作辊装入和抽出。

(3)伸缩的液压缸

安装在控制侧支撑主轴上,与活塞杆为特殊连接(榫接),这种连接在轧制时是离线的,而在换辊时,将插入到下轴承保持器的位置,从而由活塞杆推拉下轴承箱,而上轴承箱也将随之移动。另外,换辊小车由于小车移动而使榫接松开,当它插入到装在轴承箱的另外一个装置,从而将工作辊装入牌坊。为了补偿活塞杆伸出的最大行程时产生的弹性变形,在小车上装有液压控制的支撑活塞的装置。

(4)电动马达减速装置

控制小车的运行,由安装在小车上的弹簧管中的电缆连接。

63. 冷轧机厚度控制有哪些方法?

现代冷轧机厚度控制主要采用板厚自动控制系统,简称 AGC 系统。根据轧制过程中对厚度调节方式的不同,分为反馈式、厚度计式、前馈式、张力式/液压式以及质量流等厚度自动控制系统。

(1)反馈式板厚自动控制

用测厚仪测厚的反馈式厚度自动控制系统简称反馈式 AGC 或监

控 AGC。在这种厚控系统中,厚度仪测出的板厚不是轧制时正在辊缝中的板厚,而是到达厚度仪处的板厚,故辊缝调节有一定的时间滞后,因此控制效果较差,控制精度低。为了消除时间滞后,提高控制精度,出现了厚度计式板厚自动控制系统。

（2）厚度计式板厚自动控制

厚度计 AGC 系统是根据实测的轧制力 p 和原始辊缝值 s_0,按弹跳方程 $h = s_0 + p/k$ 计算出轧出厚度 h(作为厚度的实测值),并与设定值 h_0 比较进行厚度控制的,又称轧制力 AGC。厚度计 AGC 系统消除了检测滞后的影响,但用弹跳方程计算出的厚度与实际辊缝中的板厚也有误差。因为实测的原始辊缝值是从压下螺丝或液压缸柱塞等某一点测得的,它不能反映出轧辊偏心、轧辊热膨胀、轧辊磨损以及轴承油膜厚度变化等所导致的原始辊缝变化情况。为了消除原始辊缝的测量误差,可加入各种补偿环节,于是便出现了完善的厚度计式 AGC 系统。

（3）前馈式板厚自动控制

前馈 AGC 系统又称预控 AGC 系统,其控制原理是：用轧机入口处的测厚仪测量轧件的轧前厚度 H,与设定厚度 H_0 相比较,如有厚度偏差 ΔH,则预先估计出可能产生的轧出厚度偏差 Δh,并确定为消除此偏差所需的辊缝调节量 Δs。根据 ΔH 的检测点进入轧机的时间和移动 Δs 的时间,提前进行厚度控制,使厚度的控制点正好落在 ΔH 的检测点上。

由于前馈式 AGC 系统属于开环控制,因此控制效果不能单独进行检查,一般是将前馈与反馈式厚控系统结合使用。

（4）张力式板厚自动控制

在成品轧制道次,轧件的塑性系数 M 一般较大,此时靠调节辊缝控制厚度,效果往往很差,所以常采用张力 AGC 进行厚度微调。张力 AGC 是根据精轧机出口侧 X 射线测厚仪测出的厚度偏差来调节带材上的张力,借以消除厚度偏差的板厚自动控制系统。张力调节通常通过调节轧制速度来实现。由 X 射线测厚仪测出厚度偏差后,通过张力控制器将控制信号传输给主电动机的速度调节器。

由于张力调节范围有限，因此实际中常常是调整张力和调整压力的厚度控制相配合使用。当板厚偏差较大时采用调整压力的方式；板厚偏差较小时便采用张力微调控制板厚。

（5）质量（体积）流板厚控制模式

该控制模式的原理是带材轧制过程秒流量相等，用入口厚度偏差信号和原设定信号得到入口侧来料的实际厚度的信号，还要入口侧速度实际值信号计算出口侧输入体积（质量）流。用出口侧厚度设定值和出口侧速度实际值信号，计算出口侧体积（质量）流的期望值，它和输入的体积流（实际值）进行比较，得到出口侧厚度偏差信号。

上述几种控制模式在不同轧机上有不同的配置，根据轧机功能及产品厚度精度的要求，同时还要考虑经济实用，来进行合理配置。现代化轧机上常联合采用几种厚控系统，

64. 在线测厚仪有哪些种类？各有什么特点？

在线测厚仪有接触式、非接触式两种形式，目前两种形式的厚度检测均能满足带材厚度精度的要求。其区别在于接触式由于与被检带材的表面有接触，容易划伤带材的表面，或当带材板形出现问题和操作出现失误会造成损坏测厚仪，而非接触式测厚仪由于与被检带材无接触，故不会产生上述问题。接触式测厚仪主要采用金刚石测头进行测量。非接触式测厚仪主要有：X 射线、γ 射线以及涡流式。

（1）接触式测厚仪

优点：①不受带材合金成分的影响；②测量范围大（0.01～20 mm）；③新型测厚仪可自动校正相位、自动调整对称性，精度高；④具有三维空间随动系统；⑤静态测量精度高。

缺点：①由于测量头直接接触带材，在测薄料时往往会产生划痕；②其基本测量线不能自动调节（靠手动调节气压，当气压波动大时易产生测量误差）；③维护量大；④测量范围小。

（2）非接触脉冲涡流式测厚仪

优点：①与材料无接触，不会划伤带材表面；②材料独立、无合金补偿和再标定；③不受环境温度及任何复合物的影响（在测量区域

内除去金属之外对其他任何东西都不敏感）；④C 型架采用铝青铜材料，外部结构坚固；⑤可自动调节测厚仪与实际轧制线的高度；⑥所采用的测量技术对人体无害。

缺点：①测量时必须保证带材与 C 型架之间倾斜度小于 3°；②测量深度小（150 mm）；③被测带材含铁量须小于 2.5%。

（3）非接触射线式测厚仪

特性：①不直接接触带材，可以进行不同深度的多点测量（剖面测量）；②受外部环境影响小；③动态精度与静态精度变化比较小；④由于不与带材接触，不在带材表面产生划伤；⑤可通过切断电源停止放射线，维护量小；⑥对不同的合金材料需进行合金补偿。

不同射线测厚仪的特性比较：①X 射线噪音比 γ 射线噪音小；②X 射线测厚仪合金补偿比 γ 射线测厚仪复杂；③X 射线测厚仪的响应速度快，对 AGC 系统的快速调节是非常有利的；④γ 射线测厚仪较 X 射线测厚仪价格便宜。

65. 什么是板型？板型（辊型）怎样控制？

（1）板型

所谓板型，就是指板带材的平直度，板带坯料经平辊轧出后，将轧件放置平台上目测是否平直，有翘曲或波浪称为板型不良，即显示铜带内部存在残余应力。定量描述板形，通常采用长度差表示法。如图 2 - 6。

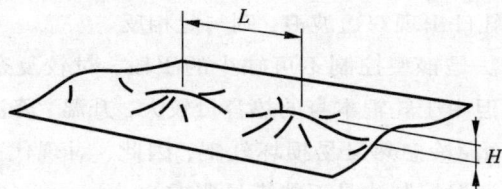

图 2 - 6 不平度示意图

$$I = (kH/L)^2 \times 10^5 \qquad (2-3)$$

其中：k——波形系数；

　　H——波幅；

　　L——波长。

由于带材厚度的不同，对板型的要求也有所差别，对于初轧机出口厚度在 0.5～3 mm 之间的带材，一般要求板型小于 20 个 I 单位，而对于成品带材，要求板型小于 8 个 I 单位。

（2）板型（辊型）的控制

控制辊型的目的就是控制板形，故辊型控制技术实际就是板形控制技术，但后者的含义更广，它往往把板形检测以及许多旨在提高板形质量的新技术和新轧机都包括了进去。原始辊型不能随着轧制条件的改变而变化，而实际生产时的轧制条件是千变万化的，因此，轧制时必须根据不同的情况不断地对辊型和板形进行调整和控制，才能有效地补偿辊型变化，获得高精度产品。

①调温控制法

调温控制法又称热凸度控制法，是人为地对轧辊某些部分进行冷却或加热，改变辊温的分布，以达到控制辊型的目的。实际中主要采用冷却液分段控制法，即通过对沿辊身长度方向上布置的冷却液流量和压力进行分段控制，改变各部分的冷却条件，进而控制轧辊的热凸度。如若轧件出现中间波浪，则说明凸度太大，此时应增大辊身中部的冷却液流量或减小辊身边部的冷却液流量，使辊身中部的热凸度减小；若轧件出现双边波浪，则与此相反。

调温控制法是辊型控制不可缺少的手段，对较复杂的局部波浪等也很有效。但由于轧辊本身的热容量较大，升温、降温过渡时间较长，反应慢，而急冷急热又易损坏轧辊，因此，对现代高速轧机，单靠这种缓慢的调温控制法是不能满足要求的。

②液压弯辊法

为了及时而有效地控制板带的横向厚差和板形，需要一种迅速的辊缝调整方法。利用液压弯辊技术，即利用液压缸施加压力使工作辊或支承辊产生附加弯曲，以补偿由于轧制压力和轧制温度等工艺因素的变化而产生的辊缝形状变化。根据弯曲的对象和施加弯辊力的部位不同，液压弯辊技术可分为以下两种。

①弯曲工作辊

弯曲工作辊又分为正弯辊和负弯辊两种方式。正弯辊时反弯力加在两工作辊瓦座之间，使上下工作辊轴承座受到与轧制压力方向相同的弯辊力，结果是减少了轧制时工作辊的挠度，防止双边波浪。负弯辊时弯辊力加在两工作辊与支承辊的瓦座之间，使工作辊轴承座受到与轧制压力方向相反的弯辊力，结果是增大了轧制时工作辊的挠度，防止中间波浪。正弯辊时，由于液压缸装在工作辊轴承座内，导致更换工作辊时拆装高压管路接头很不方便；负弯辊时，液压缸装在支承辊轴承座内，无需拆装高压管接头，换辊方便，但当轧件咬入、抛出及断带时，为保持上辊平衡、防止轧辊产生冲击，液压系统需要切换。理想的弯辊方式是正弯辊与负弯辊并用，即采用所谓的工作辊综合弯辊系统，既有利于操作，又能扩大辊型调整范围，甚至用一种原始辊型就可以满足不同品种和不同轧制制度的要求。

②弯曲支承辊

弯曲支承辊的弯辊力不是施加在轧辊轴承座上，而是施加在支承辊轴承座之外的轧辊延长部分。这种结构的优点是可以同时调整纵向和横向厚度差，同时能得到较好吻合轧辊挠度（抛物线形）的辊型；缺点是轧机结构复杂而庞大，因为支承辊的刚度比工作辊的刚度大得多，因此需要的弯辊力较大，大的正弯辊力会增加压下装置和机架的负荷与变形，引起纵向厚度变化。

由于支承辊的弯曲刚度大，所以弯曲支承辊主要适用于辊身长度 L 和辊径 D_0 比值较大的轧机。当 $L/D_0 > 2$ 时，最好用弯曲支承辊，当 $L/D_0 < 2$ 时，一般用弯曲工作辊。弯辊力可用计算方法或参考经验数据选取，一般弯曲工作辊时的最大弯辊力约为最大轧制压力的 15%～20%，弯曲支承辊时的最大弯辊力约为最大轧制压力的 20%～30%。

66. 对中控制技术是怎样分类的?

由于现代板带材生产设备都朝着高速化、高效率及自动化方向发展,对中控制技术也得到了普及应用和快速发展。由于功能和用途的不同,对中控制装置有多种形式,从用途上来分,主要分为上卷对中、喂料对中和带材自动对中。

(1)上卷对中

随着轧机等机组生产率的提高及自动化程度的提高,要求上卷及卸卷时间尽可能缩短,并实现上卷过程的自动化操作。主要用在上卷小车的控制上。包括上卷高度对中(控制卷材的升降高度使卷内孔对准开卷机卷筒)和上卷横向位置对中(保证上卷位置在机列中心)。

实现上卷对中的方式主要有两类,一类是上卷小车的升降和横移带有位置检测和反馈,通过检测卷材的状态(包括卷外径、内径、宽度、放置位置)先计算出小车的各位移给定量,然后再自动控制小车移动到要求的位置,运行的结果是自动将卷材内孔对准卷筒中心,以及将卷材移动到卷筒的中心位置,完成自动上卷,并使料卷宽向中心与轧辊宽向中心一致。另一类是上卷小车虽不带移动量的检测和反馈,但在特定位置设有检测装置,当卷材高度符合要求时,就会停止升降,而横移位置达到要求时就停止横移,从而通过一组顺序动作而实现对中上卷。

(2)喂料对中

由于喂料时的对中性会影响后续的运行过程,所以在喂料时应保证料头的对中。在轧制时坯料在进入轧辊前要通过机械机构(如导尺、侧导装置等)使带材(坯)对中。

(3)自动对中

在冷轧以及其他带材处理设备上,为保证带材严格处于机组中心,一般设有开卷自动对中装置,当机组运行线路较长时,为了防止带材在运行中跑偏,还设有中间自动对中控制装置。统称为自动对中控制。开卷控制是通过浮动的开卷机的横向来回移动,来控制带材的中心，从而保持带材的中心线和机组中心线保持一致。

　　常见的自动对中系统有气液和光电液伺服控制系统，两者的工作原理基本相同，其区别仅在于检测器和伺服阀不同。前者为气动检测器和气液伺服阀，后者为光电检测器和电液伺服阀。电液控制系统的优点是信号传输快，电反馈和校正方便，检测器的安装位置也比较灵活。气液伺服系统的最大优点是系统简单且不怕干扰，缺点是气动检测器的开口较小，安装受到限制，且气信号的传输较慢，近年来除某些特殊场合外已很少采用。

67. 冷轧时张力的作用是什么？如何确定其大小？

　　(1) 张力的作用

　　张力的作用主要有：①张力改变了变形区的应力状态，减小压应力，从而能降低单位压力，降低主电机负荷。②调整张力能控制带材厚度，张力越大，轧出厚度越薄。若保持轧出厚度不变，则张力越大，轧制压力越小。③调整张力可以控制板形，适当增加入口和出口张力，可以改变轧制力，从而可以改善边部延伸过大或边浪，控制板形。④防止带材跑偏，增加卷齐度，保证轧制的稳定性。轧制中带材跑偏的原因是在带材宽度方向上出现了不均匀延伸，当轧件出现不均匀延伸时，沿宽向张力分布将发生相应的变化，延伸大的部分张力减小，而延伸小的部分则张力增大，结果张力起到自动纠偏作用力。⑤张力为增大卷重，提高轧制速度，实现轧制过程的自动化。

　　(2) 张力大小的确定

　　确定张力的大小应考虑合金品种，轧制条件，产品尺寸与质量要求。一般随着合金变形抗力及轧制厚度与宽度增加，张力相应增大。最大张力不应超过合金的屈服极限，以免发生断带；最小张力应保证带材卷紧卷齐。

　　设计中可选择张力值：

$$q = (0.2 \sim 0.4) R_{P0.2} \qquad (2-4)$$

式中：q——张应力，MPa；

　　　　$R_{P0.2}$——金属在塑性变形为 0.2% 时的屈服强度，MPa。

厚带或高塑性合金取上限，薄带或低塑性合金取下限。重有色金属轧制时采用的张力大小一般为 100 ~ 200 MPa，有的高达 250 ~ 300 MPa。

一般来说，后张力应略大于前张力，带材不易拉断，且可保证带材不跑偏，平稳地进入辊缝。后张力比前张力更具有降低轧制力的作用，但过大的后张力会增加主电机的负荷。相反后张力小于前张力时，可以降低主电机负荷。在工作辊相对支撑辊偏移较小的四辊可逆带材轧机上，后张力小于前张力有利于工作辊的稳定性，能使变形均匀，对控制板形效果显著。但是过大的前张力会使带材卷得更紧，退火时易产生粘结；也易于发生轧制断带现象。

68. 冷轧辊的技术要求是什么？

（1）强度

轧制时轧辊承受弯曲应力和扭曲应力，而反映轧辊是否能承受这些应力的指标是强度。它是选择轧辊材质和其热处理制度的依据，也是轧辊校核的主要技术参数之一。

（2）硬度

指轧辊表面硬度。轧辊的硬度以肖氏硬度值 HS 表示，通常工作辊表面硬度（HS）为 90 ~ 95，工作辊辊颈硬度（HS）为 45 ~ 65；支承辊的表面硬度（HS）为 65 ~ 85，支承辊辊颈硬度（HS）为 35 ~ 55。

（3）表面粗糙度

轧辊粗糙度比轧件要求的粗糙度一般高 1 ~ 2 个等级。通常工作辊辊面粗糙度为 Ra 0.2 ~ 0.4。

（4）淬火层深度

淬火层越深，硬度越高，耐磨性越好，则轧辊的使用寿命越长。通常工作辊的淬火层的深度为轧辊直径的 2.5% ~ 3.5%，最小淬火层深度不小于 8 mm。

（5）尺寸精度

轧辊所要求的尺寸精度要满足工装和产品精度要求。一般指轧辊辊身和辊颈的同心度及辊型精度。

（6）重磨量

冷轧辊有粗轧机与精轧机、工作辊与支承辊之分。粗轧机工作辊径较大，精轧机工作辊径较小，支承辊直径大。但其重磨量的百分比基本一致，一般重磨率取其辊径的（4% ~ 7%）。轧辊的每次重磨量：精轧机工作辊的重磨量一般为 0.01 ~ 0.5 mm，粗轧机一般为 0.2 ~ 0.8 mm；支承辊的重磨量一般为0.1 ~ 1.0 mm。

69. 冷轧辊损坏的形式和原因是什么?

轧辊损坏的形式主要有：裂纹和龟裂、剥落和折断、粘辊、凹坑、加工缺陷等。

（1）裂纹

轧辊工作时承受急冷急热和弯曲变形，辊内产生交变的内应力，造成辊面裂纹。

（2）剥落和折断

辊面裂纹长期得不到消除，裂纹会逐渐加深扩大，在承受较大接触应力时，局部的交叉裂纹就会产生剥落。如果裂纹继续加深，同时承受极大弯曲应力和冲击力的作用，或者轧辊不同方向严重的冷却不均，都可能造成轧辊折断。当然，操作不当（如压下量过大、轧件强度过高等）或轧辊内部存在夹杂、疏松、裂纹等缺陷也能造成轧辊断裂。

（3）粘辊

局部压力过大、润滑不良或酸洗不净所造成的金属粘在辊面而未能及时去除。这样轻者会造成轧件表面周期性麻面，重者形成周期性压坑。

（4）凹坑

轧件局部（头、尾）过硬、工具或较硬杂物轧入辊缝，造成辊面局部凹陷。这会在轧件上形成周期性鼓包。

（5）加工缺陷

机械加工时出现的椭圆度、同心度、锥度不符合技术要求及淬火裂纹等。

70. 轧辊怎样使用和维护？

（1）轧辊的预热

严格按照轧制规程，轧前轧后空转 5 ~ 10 min，并将加热到40℃左右的轧制液喷射到轧辊上，对轧辊预热。使辊面温度达到30℃左右，避免轧料时急冷急热，防止压靠、压折等损伤辊面的操作，以延长轧辊使用寿命。

（2）轧机工艺润滑液的加热与冷却

开机前首先要对工艺润滑液加热，使其温度达到40℃左右，特别是热轧辊不能用冷水喷轧辊，应使轧辊表面龟裂减轻，延长轧辊使用寿命。当工艺润滑系统出问题时，轧机不应该继续轧制，这样会使轧辊温度过高；工艺润滑系统恢复时突然喷到轧辊上会引起轧辊爆裂，使轧辊报废。

开轧以后工艺润滑液要保持在 40 ~ 55℃ 之间，如温度继续升高就要打开冷却器将温度保持在规定的温度之间。

（3）勤磨轧辊

由于精轧辊决定着成品表面质量，一般生产厂都换的很勤；热轧辊与粗轧辊常采用尽量使用的原则，但每次磨削量要加大，使用寿命并不能延长。特别是热轧辊、表面龟裂出现较明显时就应磨辊，否则因应力集中关系龟裂深度加快，一次磨削量则更大，轧辊寿命反而缩短。当四辊轧机使用不等宽轧辊时，短辊面的过渡区一定要磨好，否则将引起边部爆辊，缩短轧辊寿命。

（4）正确运输与存放

轧辊淬火后存在残余应力，对冲击和震动很敏感，运输时要避免碰撞；存放的场所温差不要过大。

（5）四辊轧机的工作辊一定要磨好经常使用的凸度

虽然液压弯辊可以调节辊型，但长时间使用特大的弯辊力会减少工作辊的轴承寿命，也可引起轧辊边部爆裂。正常使用方法是磨削凸度恰当，弯辊力只用于宽窄变化、厚薄变化等引起的凸度变化的调节，以延长轧辊寿命。

71.轧辊使用什么样的轴承？怎样润滑？

轧辊的轴承是轧机现代化标志之一，其轴承有：胶木瓦、巴氏合金瓦的滑动轴承；以四列短圆柱轴承、四列锥柱轴承和针轴承为代表的滚动轴承；以及动压轴承、静压轴承、动静压轴承等液体摩擦轴承。

四列短圆柱轴承是铜轧机最常采用的轴承，其特点是在同样的内外径尺寸时承载能力大，对轧辊轴承来讲这是最重要的特点；另一特点是随着速度改变油膜只有几个微米变化，这对高精度轧机来说，是最关键的一点。如动压轴承尽管其寿命长和摩擦系数小，但其油膜随着速度变化而变化量很大，有的达到 $100 \sim 250 \ \mu m$。而变化量又与很多因素有关，如油的黏度、温度、轧制压力等。到目前为止，其补偿为开环，对生产高精度带产生干扰因素。

油气润滑是用高黏度油与压缩空气混合后送到润滑点上，其特点是工作可靠，用油量少，现代化轧机多采用这种润滑。油雾润滑是用高黏度油，经加热后用压缩空气雾化产生油雾，其浓度为 $3 \sim 12 \ g/m^3$，用管道输送，经凝缩后送到各润滑点。其优点是润滑油消耗少，压缩空气又可以冷却轴承。但有时出现断雾，所以使用中应保持有少量的油池，润滑在使用中也很可靠。稀油循环润滑多用于热轧机的轴承润滑，可防止轴承温度偏高。

72.如何确定冷轧压下制度？

冷轧压下制度包括确定冷轧总加工率、道次加工率及根据产品性能要求控制精轧时的成品加工率。

(1)总加工率

冷轧总加工率，即两次中间退火之间的总加工率，必须考虑合金本性、设备条件及工艺等具体情况，通常的原则如下：①充分发挥合金塑性，采用尽可能大的总加工率，减少中间退火次数及提高生产率。②保证产品质量，提高生产率，产品性能、晶粒度大小均符合要求。此外总加工率不能位于临界变形程度范围，否则退火后易出现大晶粒及晶粒不均，恶化产品质量。③充分发挥设备能力，确保生产中电机不会跳闸烧坏，轧辊及轧机部件不会断裂及受损，能量消耗及生产成本低。

铜合金常采用的冷轧总加工率列在表 2 - 8 中，由表中可以看出，往往设备能力限制，总加工率较大时变形抗力高，致使冷轧后期道次加工率太小，增加能量消耗及降低生产效率，生产中实际采用的冷轧总加工率一般为允许的最大冷轧总加工率的 50% ~ 80% 范围，高塑性合金采用的冷轧总加工率一般为 60% ~ 90%，低塑性合金一般为 40% ~ 60%。

表 2 - 8　铜合金冷轧时的总加工率范围

合金牌号	允许采用的冷轧总加工率/%	实际采用的冷轧加工率范围/%
TU1、TU2、T2	>95	50 ~ 90
H90、HSn90 - 1、QMn1.5	90	45 ~ 85
H80、H68、H65、H62、H59	85	45 ~ 70
B10、QCr0.5	85	45 ~ 65
HSn70 - 1、HPb63 - 3、QSn6.5 - 0.1、QAl5、BZn15 - 20	80	45 ~ 65
QSi3 - 1、QSn4 - 4 - 4、QAl9 - 2、QAl9 - 4	75	45 ~ 60
B30、BFe30 - 1 - 1、NCu28 - 2.5 - 1.5	75	40 ~ 60
HSn62 - 1、HPb59 - 1、HMn58 - 2、QBe2	65	35 ~ 55

（2）道次加工率

冷轧总加工率确定后，即可确定各道次的加工率。冷轧铜材目前采用的道次加工率为 2% ~ 45%，根据合金品种、轧件性能及尺寸、轧机各部件强度和电机功率、冷却与润滑、辊型及张力大小等情况，合理分配各道次的加工率，基本要求是：保证产品质量，确保设备安全，尽可能减少道次，充分发挥合金塑性及提高生产率。

确定道次加工率应按以下规则：①在冷轧的第一道次或第二道次，为了充分利用轧件退火后的良好塑性，应采用最大的道次加工率；以后随着轧件加工硬化的增大，逐道次减小加工率。冷轧开坯时因锭坯质量不良、厚度波动太大及咬入困难时，第一道次可以比第二、第三道次的加工率稍小些。②生产中采用的压下程序是否合理，应根据轧制压力和电机负荷的实测结果进行修改，使各道次的轧制压力分布基本均匀，这样有利于稳定工艺及充分发挥设备能力。通常情况下允许生产员工根据实际产品的板形、尺寸公差、表面等在厚度 10% ~20% 内调整。③从提高产品质量出发，生产中要做到使轧件变形均匀，尺寸偏差符合规定，表面质量满足要求，性能符合标准。通常在冷轧最后道次由于轧件变形抗力增大及塑性降低，从保证厚度偏差及平直度考虑，一般宜采用较小的加工率，精轧成品时可适当增加道次。④道次加工率必须与总加工率相协调，并结合具体的产品及设备条件。如采用的总加工率较大，道次过多，最后各道次的加工率均较小，会降低轧机的生产效率；但总加工率太小又会增加退火设备的负荷。

冷轧道次分配的方法是先按等压下率分配，按式（2－5）计算平均道次压下率 ε

$$\varepsilon = \frac{1}{n}\left(1 - \frac{h}{H}\right) \times 100\% \qquad (2-5)$$

式中：H——坯坯料厚度，mm；

　　　h——成品厚度，mm；

　　　n——轧制道次数。

轧制道次数的多少要结合材料塑性、设备条件、润滑条件、表面质量、公差要求及板形要求与平时的经验进行安排。在做完等压下率计算后，再结合上述条件并依前述 4 项原则调整各道次压下量。

（3）成品加工率

冷轧成品最后一次精轧的总加工率，即成品加工率。成品加工率选定后，还应合理分配精轧成品的各道次加工率。

在保证产品性能要求的前提下，增加成品加工率可以充分发挥设备潜力，有利于提高生产率。目前生产中根据产品状态及具体情况增大加工率采取如下措施：①通常在保证产品性能的情况下，成品退火前的精轧加工率越大，生产的软态制品性能越优越。②硬态及半硬态板带材采用成品加工率控制性能时，成品加工率一般小于50%，操作比较方便，控制性能准确，性能稳定。③控制预成品的性能有利于增大成品加工率，预成品退火均匀而充分，有利于成品性能均匀及稳定。

2.3 工艺润滑

73. 工艺润滑的作用是什么?

①合理地使用工艺润滑液，可大大减少工模具与变形金属的直接接触，使接触表面的相对滑移过程在润滑层内部进行，极大降低摩擦力以及由于摩擦造成的金属附加变形应力，进而减少加工过程的能量消耗。

②金属压力加工过程中，当工模具与变形金属直接接触时，会产生金属粘结，如不进行工艺润滑，可导致制品表面的粘伤、压入、划道等缺陷或废品；同时新生金属表面暴露在大气中极易氧化，采取有效的润滑方式，利用润滑液的防黏保护作用，可有效地改善制品表面质量。

③减少工模具磨损，延长使用寿命。润滑剂可在工具表面和材料表面之间形成一层隔离膜，模具不与金属直接摩擦，从而使工模具磨损减少，寿命延长。

④塑性变形是工具与制品在高压高摩擦下进行的，会产生变形热和摩擦热，使模具表面硬度下降，或者使工具膨胀变形，如轧辊凸度改变而使板形变坏、拉伸模模孔变小造成制品公差不合等。而好的润滑剂和润滑方法可以起到对加工过程进行冷却的作用，以改善

工具使用状况和产品质量。

⑤具有清洗作用，它可以使加工材表面上的金属微粒(加工中的磨损物)和其他污垢冲洗下来，改善加工材的表面质量。

⑥由于轧制压力的减小，使轧辊的弹性压扁量减小，有效地降低带材的最小可轧厚度；可增大道次压下量，减少轧制道次数；同时还可提高轧制速度而使生产效率提高。

74. 工艺润滑不良有什么影响?

由于工艺润滑的原因所造成的缺陷和不正常现象时有发生，比较常见的有:

(1)热条纹

也称为热划痕。它是在压下率大、冷却液量少、轧辊表面粗糙度较大的情况下产生的。因为这时轧辊接触弧内界面温度会急剧升高，轧件与轧辊间会产生热粘。

(2)震颤

震颤是轧机的一种振动现象，振动频率为几十赫兹到 5600 Hz 之间，其中振动频率 100 ~ 200 Hz 间的震颤多数是发生在大变形抗力的轧制过程中。同时与乳化液的乳化状态及轧制油的润滑性能有密切关系。

(3)麻点

它是轧件表面上形成的一种白色斑点状缺陷，这些白色的斑点是肉眼可见的油坑呈斑状分布所致；该缺陷主要出现在使用乳化液作冷却润滑剂时。因轧制过程中，颗粒直径大的乳化液冲击到带材表面时被破碎而凝集成大的油滴，这些油滴带入到轧辊接触弧内，便造成了这种缺陷。

75. 如何选择冷轧润滑液?

在冷轧时常采用的工艺润滑剂有全油和乳液两类。一般粗轧总加工率和道次加工率较大，金属变形热大，为更好地改善轧制中冷却润滑条件，多采用乳液进行工艺润滑；精轧对产品的精度和表面要求很高，多采用全油进行工艺润滑；中轧则可选择乳液或全油。但都应具有润滑性能好、冷却性能好、性能稳定，不腐蚀轧件、来源广、成本低、便于保存，并且易于轧后从带材表面去除，退火后不留下影响表面的残渍等特点。润滑剂的选择主要考虑以下几个方面。

(1)轧制压力

轧制加工率大、轧制压力高时，应选择黏度较大的润滑油。因为黏度大，油膜厚而坚固，可承受的压力高。如果油膜太薄，易导致延伸不均及局部油膜破裂，降低润滑效果，严重时，破裂的油膜会造成带材表面的污染甚至出现局部粘结。但是，并非油膜越厚越好，如果油膜太厚，多余的润滑剂很难挤净，有的润滑剂挤在带材的边部，往往又重新流入带卷里面，以致在退火时难于挥发，残留斑点。

(2)轧制速度

高速轧制时需要润滑剂有好的流动填充性能，应选择黏度较小的润滑油。

(3)表面

轧件表面质量要求高时，尤其在成品轧制时，往往对制品的表面质量要求很高，应使用在退火时不产生油斑的低黏度(37.8℃、7~20Cst)、低含硫量的润滑剂。

(4)薄带轧制

由于弹性压扁使带材的边部单位压力很小，而带材中部承受很高的单位压力，如果采用随着压力增加而摩擦系数显著增加的润滑油，薄带会产生很大的边缘延伸而影响平直度，故薄带轧制时采用的润滑油应具有较好的润滑性能，并要求在轧制压力变化时摩擦系数不变。

76. 工艺润滑剂的性能指标有哪些?

(1)黏度

黏度是衡量润滑油流动阻力的参数，一般以在40℃条件以下的运动黏度$\nu(mm^2/s)$来表示。它是润滑油最重要的参数之一，黏度高的润滑油，软化性能好、抗压强度高，但轧件表面的光洁度差，对轧件及轧辊的冷却效果也会差,同时轧件表面的除油效果也会下降。黏度低的润滑油,会有反效果。

（2）闪点

即着火点,在规定条件下将润滑油加热到某一温度,用火苗引点能发生闪火而燃烧,但随后又熄灭,此时的温度称为闪点。

闪点可鉴定油品发生火灾的危险性,闪点越低,油品越容易燃烧,火灾危险性越大。在铜加工中,为使工艺润滑剂具有一定的洗涤性能,常含有一定数量的闪点很低的汽油或煤油,为了保证润滑油的安全性,对其闪点应做严格要求。为安全起见,闪点选择在150℃以上,即使这样,也必须在轧机边配置2套自动灭火系统(一套备用),以防万一。

从润滑油的冷却性能及对制品的表面污染影响看,润滑油的黏度和闪点应适当低,但考虑到润滑油的挥发和安全性,则要求恰恰相反。因此实际生产中在保证油品其他指标合格的情况下,闪点相对高一些为好。

（3）倾点

有时也用凝点表示。指润滑油从标准型的容器中流出的最低温度,或称流动极限。润滑油倾点若过高,在冬季使用,从桶中往油箱倒入时,会出现许多油中的添加剂残留在桶中无法倒出,这不仅影响轧制的性能,同时也造成极大的浪费。因此,要求倾点应控制在-10℃以下。

（4）酸值

也称中和值,是用以衡量润滑油中酸含量的指标,采用中和1 g润滑油内的酸所需要的氢氧化钾毫克数[mg(KOH)/g]表示。

检测酸值,可鉴别油品中所含有机酸组分的多少,概略判断油品对金属的腐蚀性质。一般要求酸值不大于0.1 mg(KOH)/g。若酸值高,轧件表面易出现变色(氧化色或腐蚀痕迹),另一方面,酸值可判断油品的老化程度,油品使用一段时间后会产生氧化而变质,其酸值增大,酸值是油品老化的主要指标。

（5）皂化值

皂化值用以测定动植物油中脂肪酸的含量，通常也以皂化 1 g 油样所需氢氧化钾的毫克数［mg（KOH）/g］表示。

油氧化成高分子酸，其酸值是测不出来的，而用皂化值才能测试出来酸值。酸值和皂化值在测定方法或测定意义上都是不同的，在数值上皂化值包含了酸值，在意义上它更全面地说明了油的劣化程度。

一般动植物油的皂化值比较大，可根据皂化值的大小，判断矿物油中是否混有动植物油。

（6）灰分

油品在规定条件下灼烧后，所剩的不燃物质，称为灰分。工艺润滑油如果灰分大，会影响产品的表面质量。润滑油在使用中由于接触金属、灰尘等原因，灰分会逐渐增加。

（7）总碱值

中和 1 g 油样中的全部碱性成分所需的高氯酸量，以相当于氢氧化钾毫克数表示，单位是 mg（KOH）/g。

（8）水溶性酸和碱

是一个定性的质量指标，它是指在油中加入相同体积的呈中性的蒸馏水，和润滑油在一定的温度下相混合、振荡，使蒸馏水将润滑油中的水溶性酸和碱抽出来，然后测定蒸馏水溶液的酸洗和碱性。润滑油中的水溶性酸和碱会加速润滑油的老化；水溶性酸和碱要比油性酸和碱更为活泼，更有腐蚀性，能腐蚀金属构件，所以油品中存在微量的水溶性酸和碱都是不合格的。

（9）机械杂质

主要是指润滑油在使用、贮存、保管和运输过程中，混入的外来物质，如灰尘、金属碎屑、金属粉末、金属氧化物等。要求达到 NAS7级及以下，相当于润滑油经精密过滤后，过滤精度应达到3 μm，这与过滤系统的结构、滤剂材料的选择（如硅藻土、活性土及滤纸的材质、规格、性能及配比等）均有重要关系，否则过滤精度及色度都难以达到要求。润滑油中的机械杂质，可用沉淀、过滤等方法去除。

（10）炭

它是润滑油在不通入空气的条件下，加热使其蒸发、分解和焦化排出燃烧的气体后，残存的焦黑色炭。它可粗略判断润滑油的精制程度，残炭高，会增加摩擦，降低润滑油的润滑性能。

（11）抗氧化安定性

指在加热情况下，或在有金属的催化作用下对抗氧化变质的能力，以水溶性酸含量与酸值[mg(KOH)/g]来表示。还可选择其他方式测定该指标，目前无统一标准。

77. 工艺润滑剂的类型有哪些？选择的依据是什么？

工艺润滑剂通常分为四大类：水、油、乳化液和固体润滑剂。

（1）水

水和金属有较好的浸润性，热容大、冷却效果好。但水膜强度较低，润滑性能不好。水主要用在铜合金的高温热加工中，如热轧。水压一般为 0.15～0.30 MPa，温度一般在 35℃ 以下。

（2）油

它是由矿物油精制而成，内加添加剂，主要应用在预精轧及精轧工序。因为全油轧制可提高轧件的表面光洁度及抗腐蚀性能，同时轧制过程润滑性能好，可降低轧制力、轧制扭矩，能耗也随之减少。但它的导热性能要比乳液差，仅为乳化液的 25% 左右，所以为保证冷却效果，必须加大其流量，其流量约为乳化液的 2～3 倍。

（3）乳化液

一种液体（如油）或多种液体以细小的液珠形式均匀分布于另一种液体（如水）中，构成两种或多种液相组成的稳定系统，它们互不相溶，均匀分散，是一种均一的混合物，这种混合物被称作乳化液。它有比较适中的润滑性能和冷却效果，所以主要应用在粗轧和中轧工序。因为在粗轧、中轧工序时道次压下量较大，轧制过程的变形热较大，要求工艺润滑剂在保证满足润滑的条件下，尽量提高对轧辊及轧件的冷却作用，加之粗轧、中轧工序对轧件表面的光洁度要求没有精轧高，因此这种选择是合理的。

（4）固体润滑剂。金属压力加工中常用的固体润滑剂有玻璃、沥青和石墨，主要应用于挤压、锻造和铸造时的工艺润滑。

78. 冷轧中冷却和润滑的特点和要求是什么?

冷轧中冷却和润滑是发展现代高速轧机的关键之一。冷轧过程中润滑剂的有效冷却和润滑可以冷却轧辊和轧件，减小摩擦系数，降低轧制力，可以提高加工率和轧制速度，提高生产率，并有助于控制辊型，改善轧件板形和表面质量，减少轧辊磨损。由于冷轧中润滑剂的冷却、润滑的双重作用，所以决定了润滑剂既要有较好的导热性、又要有良好的润滑性。对冷轧润滑剂的选择应综合考虑冷却和润滑的效果。不同的轧机、不同的轧制工序、不同的产品对润滑剂选择也不相同。但其基本要求包括以下几个方面：

①能有效的降低外摩擦力（摩擦系数小），在保证轧辊可靠咬入轧件的前提下，摩擦力达到最小值，使轧制处于最佳摩擦条件下。

②具有较好的导热性能，对轧件及轧辊的冷却效果好，使辊温及轧件温度保持在规定范围内。

③减少轧辊磨损并防止轧辊粘铜，保证轧辊表面光洁。

④对轧件和设备无新增的污染及腐蚀。

⑤无毒性、不变质、没有难闻的气味，对人体健康无危害。

⑥对现场污染小，有利于维护及安全使用，同时废液便于处理及回收，处理成本要低。

⑦保证润滑剂的成分和性能的稳定，使用寿命长，价格合理，资源丰富，适合广泛应用。

79. 乳液润滑轧制的特点是什么?

乳液润滑轧制一般在热轧、粗轧中使用较多，在中轧和精轧也有使用，成本较低。由于乳液是一种水剂润滑剂，水是冷却剂又是载油剂，所以乳液的冷却性能较全油轧制好，比较适合总加工率和道次加工率较大、金属变形热大的生产方式。但由于乳液使用过程中自身稳定性、抗污染能力等原因，造成乳液要定期更换，带材的表面精度也较全油轧制差。乳液轧制可以根据轧制条件及生产产品选择适合的浓度来调整乳液的润滑性能，如在粗轧机上一般使用浓度为 1% ~ 5%，在中轧机上 5% ~ 10%，而在精轧机上一般为 10% ~ 20%。

80. 乳液的主要成分是什么？如何配制？

乳化液是乳化油(乳膏)和水按照一定的比例配制而成的。它的成分主要有基础油、水和乳化剂。

（1）基础油

它直接影响乳化液的各项性能，如黏度、闪点、倾点及乳化分散性等。黏度过高影响所配乳化液浓度的准确性，黏度过低影响乳化液的润滑性能，一般选用的黏度(40℃)为 35 ~ 50 mm²/s；乳化分散性影响自乳化性，即在水中的分散能力；闪点一般选用180℃以上的。

（2）水

水的质量不但影响所配置乳液的稳定性，同时影响对铜带的抗腐蚀能力。不同的水质(工业用水、化学净化水及去离子水)所配制的乳化液，其理化值会差异很大。为保证乳化液的质量，现一般选用去离子水来配制。

（3）乳化剂

即表面活性剂，主要作用是使油、水乳化，因为它使油、水界面的表面张力降低，一端亲水，一端亲油。乳化剂有阳离子型、阴离子型、非离子型及合成型四种，对于铜及铜合金而言，一般选用非离子型乳化剂，它能提高对铜材的抗腐蚀性能。另外，也有选用合成型的，但成本较高。

乳化液的配制是将 80% ~ 85% 的机油或变压器油(基础油)加入制乳罐，加热到 50 ~ 60℃，然后加入 10% ~ 15% 的动物油酸(植物油酸则可以与基础油在室温下同时加入)，加热并不停地搅拌至 60 ~ 70℃，再加 3% ~ 5% 的三乙醇胺，继续搅拌 30 min，当温度降至 40 ~ 50℃时，按比例加入 50 ~ 60℃ 的软化水或去离子水，制备成 50% 的乳膏备用。

根据乳液箱的容量及乳液的配制比例（工艺要求）先在乳液箱中加入一定量的去离子水或软化水，加热到 $30 \sim 40℃$，然后根据计算的比例加入乳化油，并进行循环（搅拌）$3 \sim 4$ h，使其完全乳化。

81. 如何维护乳液？

在生产过程中，由于现场的环境、温度以及其他原因，乳液的质量会恶化，因此要特别注意对乳液的维护。

①要保持乳液的清洁，绝对防止人为造成的外来脏物进入乳化液，尤其是要防止轧机漏油，污染乳化液。对于正常使用造成乳液槽中浮油及表面漂浮脏物要及时排出和捞起，并根据使用情况定期更换及补充新乳液。

②管道及收集槽、过滤器等要定期清洗，保证过滤系统处于良好运行状态。

③乳液箱中乳液要常处于循环状态，不能静置，避免出现乳液分层、结块。

④细菌滋生会造成乳液酸败。要严加控制，定期添加杀菌剂。

⑤在使用过程中，乳化剂会消耗，水也会蒸发，这会导致乳液浓度发生变化。在实际生产中，可根据乳液的使用情况，适当添加乳化油和定期补充去离子水，保证乳液的浓度和润滑性能。

⑥定期对乳液进行各项理化指标的监控，保证在合格范围内；乳液的主要监测指标为外观、浓度、电导值、pH、稳定性、杂油含量、腐蚀试验等。

⑦要严格按照乳液的更换程序对乳液进行定期更换，如发现变质，应立即更换新乳液。更换新乳液时，要注意彻底清理乳液箱和管网，避免旧乳液对新乳液的污染。

82. 乳液使用中存在哪些问题？如何解决？

①乳液的稳定性在使用过程中会下降，会出现部分的油水分离，既污染轧件表面，又影响润滑性能。为防止乳化液稳定性的下降，必

须要减少杂油的带入，因为杂油的带入会破坏乳化液的界面状态。

②有时轧件表面会出现腐蚀痕迹，这是由残留的乳液所致。其原因是外部杂物的带入或在停车阶段乳液系统未进行循环，使细菌繁殖加快，导致轧件表面的腐蚀加速。要想解决此问题，需建立一个完整的过滤系统，及时将杂物清除，同时定期补充部分抗菌剂，另外在停车阶段乳液系统必须进行内循环，不能使乳液处于静止状态。

③有时乳液在使用过程中会出现泡沫，这会明显降低乳化液的冷却及润滑性能。主要是由于碱性物的带入，碱性物会导致配制乳化液时出现很多泡沫。要消除泡沫，需加消泡剂，或加适量的硬水，但是这会对乳化液的稳定性有一定影响。所以，为防止该问题的出现，清理乳液系统时避免采用碱性物，若使用则应保证冲洗干净。

④有时在轧件表面会出现白点状的污染物，尤其是刚配制的新乳化液此问题更明显。这与所选润滑剂的成分有关，并与配制中搅拌不充分、不均匀有关，同时与系统中的残留物附着也有关系。

83. 轧制油的种类和技术要求是什么？

冷轧轧制油分为 4 类：矿物油、动植物油、混合油和调和油。

（1）矿物油

它是金属压力加工中使用最广泛的润滑油。属非极性物质，只能在金属表面形成非极性的物理吸附膜，润滑性能较差，在工艺润滑时较少直接使用，通常作为配制工艺润滑油的基础油。

（2）动植物油

由动物基体或植物种子提炼所得，它是含有纯脂肪酸或甘油丙三醇的化合物，属于极性物质，不仅很容易在金属表面形成物理吸附膜，还能在润滑表面形成极性分子的化学吸附膜，所以其润滑性优于矿物油。但其挥发点高、化学稳定性差、易老化变质、侵蚀轧件、脱脂困难且价格较高，在实际生产中一般不直接使用。

（3）混合油

将矿物油和植物油以不同的比例进行混合制成，在生产中得到了一定的运用。如冷轧较硬的合金采用菜子油和汽油的混合油，既利用了植物油的润滑性，又利用了矿物油易除去的优点。

（4）调和油

将少量添加剂加入矿物油中，可改善矿物油的各方面性能，在生产中得到了越来越广泛的应用。配制调和油的添加剂按其作用可分为两大类，一类是改善润滑油物理性质的添加剂，如黏度添加剂、油性添加剂、降凝剂、抗泡剂等；另一类是改善润滑油化学性质的添加剂，如极压抗磨剂、抗氧化剂、抗腐剂、防锈剂、清净分散剂等。值得注意的是：润滑油中的硫化物含量如超过 0.5%，则在退火时极易与铜发生反应生成黑色的硫迹斑。因此，硫化物的含量应小于 0.2%。但是，硫迹斑的形成还与硫化物的性质有关，因此，轧制铜时使用的润滑油，应尽量避免添加硫化物系极压添加剂。

目前在铜板带轧制中使用最多的是调和油。因其具有油膜强度高、不易破裂，抗氧化能力强，轧材表面精度好、光洁度高、退火后洁净度高等特点。

84. 怎样选择轧制油？

轧制产品及轧制阶段不同选用的轧制油不同，技术要求也不相同。应结合具体轧制条件进行选择。一般对于硬轧件及轧制压力大的情况，选择黏度较高的轧制油，而高速轧机应选择黏度较小的润滑油。轧件表面要求高时一般选择挥发性强及杂质、灰分较低的轧制油；轧制薄带和超薄带材时应选择润滑性较好的润滑油。为保证带材轧制时最佳的润滑效果，带材表面应保持均匀的油膜，避免油膜太薄出现破裂造成粘辊，或油膜太厚使得退火后带材表面洁净度低。目前全油轧制使用的润滑油一般为调和油。某厂在 4 辊精轧和 20 辊精轧机使用的轧制油的基本理化指标见表 2 - 9。

表 2 - 9　轧制油的基本理化指标

项　目	指标	试验方法
运动黏度(40℃)/(mm² · s⁻¹)	7.0 ~ 8.5	GB/T 265
闪点/℃	≥150	GB/T 267
倾点/℃	≤ - 6	
酸值/[mg(KOH) · g⁻¹]	≤0.1	GB/T 7304
水分/%	无	
灰分/%	≤0.01	
皂化值/[mg(KOH) · g⁻¹]	>3	
总碱值/[mg(KOH) · g⁻¹]	10 ~ 13	
外观	透明淡黄色	目测
铜片腐蚀(100℃, 3 h)/级	1A	GB/T 596

85. 铜加工常用的冷轧润滑油有哪些?

铜加工常用的冷轧润滑油见表 2 - 10。

表 2 - 10　铜加工冷轧常用的润滑油

润滑油名称或组成		应用实例
矿物油	机油	锡磷青铜, 锌白铜
	锭子油	黄铜, 白铜
	变压器油	镍, 铍青铜
	机油 50% + 柴油 50%	铜及铜合金
	机油 50% ~ 80% + 煤油 20% ~ 50%	铜及铜合金
	锭子油 20% ~ 50% + 煤油 50% ~ 80%	黄铜冷轧
	白油	成品精轧
植物油	菜籽油	铜、镍及其合金
	蓖麻油	锡青铜, 铝青铜冷轧
	棉籽油	板材粗轧及中轧
	棕榈油	带材及箔材
混合油(矿物油 + 植物油)	机油 50% + 柴油 50%	铜及铜合金
	锭子油 20% ~ 50% + 煤油 50 ~ 80%	黄铜
调和油(矿物油 + 添加剂)	煤油 96% + 油酸 4%	薄板带
	煤油 96% + 甘油 4%	薄板带
	变压器油 95% + 松香 5%	铜

煤油和汽油的润滑性能差，在冷轧厚板时使用少许的煤油有利于咬入，而且由于煤油的黏度低，能很好地润湿洗涤金属，能有效防止粘辊及提高轧件的表面质量；煤油及汽油的焦化值最低，在低温退火时也可以全部挥发，不留下炭迹斑；此外，煤油和汽油可以作为润滑油的稀释剂，如果使用的基础油黏度过大时，可适当添加煤油或汽油稀释；单独使用汽油，容易着火，仅在箔材成品平整道次采用汽油清洗。

变压器油的黏度比锭子油及机油低，酸值及灰分少，适用于表面易变色和因杂质已形成污染斑的黄铜、白铜等合金。锡磷青铜及锌白铜等硬度较高的合金大多采用黏度较高，价格较便宜的机油。白油挥发性强，退火后表面光亮，大多用于成品冷轧。

86. 轧制油在使用中容易出现哪些问题？如何解决？

（1）色度加深

新的轧制油是呈浅黄、清澈、透明的，使用过程色泽逐渐加深。颜色加深的原因是多方面的，外来油的污染、油中铜含量的增加、油的老化等。轧制油色泽的加深会使油的酸值增加，到一定程度会引起表面腐蚀；为了保证油的色泽，加强脱色滤剂（活性土）合理的使用，能有效起到脱色作用，但用量不宜过多，否则轧制油中添加剂会损耗得快；另外可添加新油，使色泽得到适当改善；当然，油若氧化会生成酸、酮、醛，而使油的颜色加深，因此控制好油的抗氧化性能也是非常重要的。

（2）黏度增高

使用过程发现轧制油的黏度不断增高，若黏度增高至一定值会直接影响轧件的表面光泽，对轧件的抗腐蚀性能也减弱，尤其对紫铜、青铜更为明显，放置3天轧件上就会显现变色痕迹。黏度高也影响轧制过程的冷却效果，严重时还会导致轧件与工作辊间打滑，直接影响轧件的表面质量。主要原因是由于外来杂油的带入，如液压油及其他润滑油的渗漏，会使轧制油的黏度增高。另外，油的氧化会使油的黏度增加；若油中出现铜的皂化物时轧制油的黏度也会随之增高。因此在使用中油的黏度超出使用范围时，就必须添加新油，或补充性能完全相同、黏度偏低的新油，此效果更明显。同时要严防液压系统的泄漏。

（3）轧制油中杂质含量超标

杂质含量超标直接影响轧件的表面质量，使表面出现压坑、麻点等缺陷，是不允许的。所以要求过滤精度达到 NAS7 级以下（即过滤系统的精度应不大于 3 μm）。在使用板式过滤装置时，出现超标的主要原因有：过滤纸性能不均，如局部强度小、孔隙大，此处易漏滤剂，或过滤纸本身的断裂强度、伸长率不够，使过滤纸拉长变形，也会出现漏滤剂现象；滤剂颗粒度选择不当，过细易漏、过粗过滤效果不佳；预涂的滤剂厚度不当，过厚吹不干，无法形成饼状，会流失，也起不到过滤的作用，过薄过滤效果不佳；或因预涂滤剂后风压过低，无法吹干又出现前述的滤剂流失，而污染轧制油，使油中杂质含量超标。

87. 常用冷轧乳化液的性能要求是什么？

（1）黏度

不同轧制条件下推荐采用的乳化液黏度（37.8℃）为：铜及铜合金粗轧、中轧 20 ~ 40 mm²/s；铜及铜合金精轧 4 ~ 6 mm²/s；锡磷青铜冷轧开坯大于 40 mm²/s。

（2）浓度

不同轧制条件下推荐乳液浓度为：铜及铜合金粗轧 1% ~ 5%；铜及铜合金中轧 5% ~ 10%；铜及铜合金精轧 10% ~ 20%。使用乳液的浓度还取决于乳液的成分，不同成分的乳液浓度使用会有差别，其变化为 3% ~ 10%。

（3）外观和稳定性

乳液的外观一般为均匀白色（牛奶状）或乳白色。稳定的乳化液液珠很小，在 0.1 μm 以下，该乳化液呈透明或半透明状；稍稳定的乳化液，液珠在 0.1 ~ 1 μm 之间；不稳定的乳化液液珠大于 1 μm，可分辨两相，即分层。并非越稳定越好，一般可根据自身特点，进行选择。由于乳液润滑机理是乳液的"热分离性"，因此乳液过分稳定，油相不容易从乳液中分离出来，那么也不能起到良好的润滑性能。

新配制的乳液润滑性能不佳，轧制力偏高，使用一段时间后润滑性能改善，轧制力正常。主要原因是：乳化剂消耗，乳液稳定性降低，油珠尺寸增大，热分离性变好，使工具和轧件上黏附油量增多，表现出较好的润滑性能；如果乳液的稳定性太差，则极容易产生漂皂，降低乳液寿命。

（4）pH

反映乳液的酸碱度，一般应为中性到弱碱性，pH 7.5 ~ 9.0。

（5）腐蚀性能

乳液对铜带应具有一定的防腐蚀能力，即轧后的带材在一定的存放周期内表面不会发生变色腐蚀。按铜片腐蚀试验方法，腐蚀标准色板分为 4 级 12 档。一般好的乳液应保证铜片的腐蚀试验为 1 级（1A、1B）即轻度变色。

88. 乳化液调制的要点是什么？

①要选择符合要求的水质。通常采用去离子水，水质要求电导率小于 10 μS/cm，pH 5 ~ 7，细菌含量为 0。

采用普通水调配乳液的缺点：电导率增加，离子量增多，易与铜粒子生产水合粒子，造成铜材的腐蚀和污染。

②要用专业的调制乳液的调制槽，避免与其他种类的物质混合，污染乳液。

③调制乳液用水温应控制在 30 ~ 40℃之间，过低不利于乳化油的溶解，温度过高乳液的稳定性变差。

④必须将乳化油加入水中，不可将水加入乳化油中，在加入轧机前最好配制成浓缩的乳化液。

⑤调制时采用机械搅拌，尽量不用压缩空气搅拌。

89. 工艺润滑液净化方式有哪些？

工艺润滑液随着使用时间的增长，由于极性添加剂的逐渐消耗，润滑液在使用过程中氧化变质以及金属颗粒与外来杂质增加等原因，不仅使润滑液的润滑性能大大降低，而且可使制品表面的污染程度增加。因此润滑液要循环使用，净化技术必不可少。

净化的方式有 4 种：①机械过滤与离心分离。机械过滤常见的由滤网式的分级过滤；离心过滤是依靠离心机的高速旋转将润滑液中的颗粒与润滑液基体分离，然后将杂质分离。②静电分离即利用高电场作用吸引液体中的颗粒再予以去除。此法适于去除 5 μm 以下的颗粒。③化学法即凝聚净化法，其原理把润滑油加热，然后加入少量碳酸钠溶液并搅拌，使其在界面上与金属颗粒起反应，使之凝聚结块。④助滤剂过滤：利用硅藻土作为助滤剂，并配有一定比例的活性白土作为脱色剂，吸附油中的杂质，得到色泽和性能良好的润滑油。

90. 乳化液怎样净化？

在乳液净化技术中使用较多的是多级网状过滤系统。由粗到精逐步实现乳液中杂质颗粒的过滤。

乳液中的浮油则通过浮油收集器进行收集，由于油水的性质不同，不溶于乳液中的杂油会漂浮在乳液箱的上方，在乳液箱上安装浮油收集器，定期清除浮油，可达到净化乳液杂油的目的，见图 2 - 7。

此外，乳液箱的底部设有排污口，定期要对乳液进行沉淀净化，从底部排出乳液中的油泥等杂质。

91. 轧制油怎样净化？

由于轧制润滑油的成本较高，使用周期往往很长，一般数年到十几年，油在使用过程中不可避免地要被污染，如混入灰尘、金属颗粒，同时油品在使用中，经过轧制过程的高温高压，很容易氧化发红，所以在油品的过滤时，除了考虑过滤其中的杂质外，油品的脱色必不可少。

实际生产中常采用与乳液不同的过滤方式。常见的轧制润滑油的过滤器有：板式过滤器、管芯式过滤器，以上过滤器分为垂直式和水平式。板式和管芯式过滤器使用时均需要采用助滤剂进行过滤。

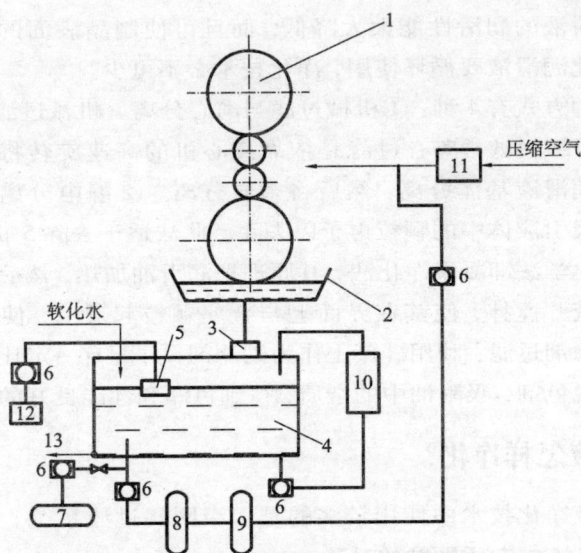

图 2-7　乳化液循环装置示意图

1—工作辊；2—收集槽；3—网状过滤器；4—乳液箱；5—浮油捕集器；

6—泵；7—新乳化液；8—精滤器；9—冷却液口；10—加热器；

11—压力罐；12—浮油收集箱；13—排污口

　　要实现助滤剂过滤，必须选择合格的硅藻土助滤剂、活性白土和无纺布等辅助材料。

　　助滤剂：①坚固、多孔的单体颗粒。②形成一个具有很高渗透性的、稳定的、不可压缩的滤饼。③能滤出高速流动的细小固体物质。④化学性质不活泼、在被过滤液体中基本不溶解。

　　活性白土：可按国家标准Ⅰ类（H 型或 T 型）活性白土采购。湿度 7% ~ 12% 时具有最大的活性，若储存白土的环境湿度高于此值，就会降低白土的脱色效果。脱色白土应储存在干燥和无异味的环境中。

　　无纺布：①厚度和孔隙度均匀一致。②有一定的强度、伸长率、过滤通过量、过滤精度等，可根据对润滑油不同的过滤精度、过滤速度要求，选择不同的参数。

　　用硅藻土过滤分两步进行：首先使助滤剂泥浆重复循环运动，在过滤隔膜板上产生一层薄的助滤剂保护层，称为预涂层，这个过程一直循环到所有的助滤剂沉淀在过滤器隔膜板上为止；形成预涂层后，少量的助滤剂就会规则地加在要过滤的油品内，滤体供给喷射系统接着便启动，过滤器以最小压力波动从预涂过程进入过滤过程的转换。在过滤过程进行时，助滤剂由于混有未过滤油品中混入的悬浮体，就会沉积在预涂层上，因此就会不断形成新的过滤面，细小的助滤剂粒子提供了无数的显微通道，它们截住悬浮杂质，让干净的液体通过而不堵塞。

92. 板式过滤器的结构和特点是什么？

　　板式过滤器（见图2-8和图2-9）主要包括：过滤器、过滤器进给泵、预涂用助滤箱、用于连续添加助滤剂的滤体进给泵、过滤纸进给装置等。

图2-8　典型板式过滤器的外观

　　板式过滤器使用时必须采用助滤剂进行过滤。该过滤器使用成本低，不易损坏，便于内部检查。具有最低的液体容量/面积比率，这对滤饼清洗极为有利。由于这种比率低，所以在循环结束时留下的未过滤的渣滓最少。

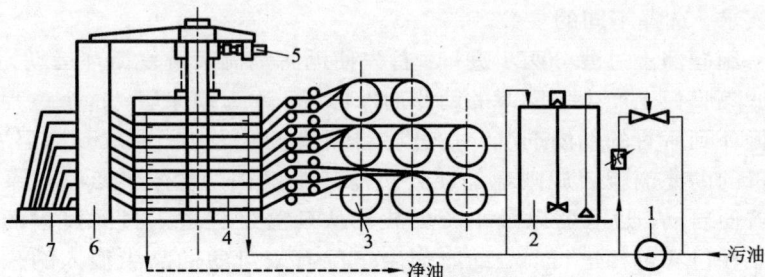

图 2 - 9　板式过滤器工作原理图

1—泵；2—搅拌箱；3—滤纸卷；4—滤板箱；

5—压紧机构；6—走纸机构；7—集污箱

93. 乳液和轧制油常规检测项目有哪些？检测频次怎样？

为保证乳化液和轧制的质量，在使用过程中，要定期的对其进行检测，保证各项指标都在控制范围之内，对于轧制油来说，对油品检测即可，对乳化液而言，除了要对乳化液作检测外，还需对配制乳化液所用的去离子水进行检测。表 2 – 11、表 2 – 12、表 2 – 13 列举了乳化液和轧制油的一些常规检测项目及其检测频次。

（1）乳液

乳液常规检测项目及频次

表 2 – 11　乳液日常检测项目及要求

检测项目	控制范围	频次
外观	无异常，不变色	2 次/月
pH	7.0 ~ 8.3	2 次/周
腐蚀（常温，24 h）	≤2B	1 次/周
电导率/(μS·cm^{-1})	<600	2 次/月
浓度[①]/%	1.0 ~ 3.0	2 次/周
稳定性（漂浮物含量）	≤2%	1 次/周

①当浓度低于控制范围，应补充新乳化油，乳液浓度过高时，应补充合格的去离子水，使浓度控制在要求的范围内。

（2）去离子水

用于乳液的配制及水的补充，去离子水检测项目及频次。

表 2 – 12 去离子水检测项目及要求

检测项目	控制范围	要求
电导率/($\mu S \cdot cm^{-1}$)	≤10	1 次/天
pH	6.5 ~7.5	1 次/月

（3）轧制油

轧制油常规检测项目及频次。

表 2 – 13 轧制油常规检测项目及要求

检测项目	控制范围	要求
黏度(40℃)/($mm^2 \cdot s^{-1}$)	7.0 ~8.5	1 次/月
中和值(酸值)/[$mg(KOH) \cdot g^{-1}$]	<0.1	1 次/月
腐蚀(常温, 24 h)	1A 级	2 次/月
水分/%	0	2 次/月
灰分/%	≤0.01	2 次/月
闪点/℃	>150	1 次/月
倾点/℃	< -10	1 次/月

94. 工艺润滑发展的趋势是怎样的？

随着对铜板带精度要求的提高，轧机多为 6 辊、20 辊以及多辊连轧机，同时轧机的速度也在不断的提升，目前国内轧机轧制速度已达 800 m/min 以上，而国外更是高达 1200 m/min，轧机轧制速度的提高以及辊数的增加必导致轧制过程变形热的增加，要保证铜带在轧制过程的尺寸精度、表面质量及板型，要求提供充足的冷却液，并保证优良的润滑性能，而使轧辊辊面温度保持稳定（一般低于 50℃）。轧件最后道次的轧出温度要严格控制，否则带材表面容易出现变色或在带材表面出现烧结痕迹。

预计铜板带润滑技术将呈现以下发展趋势：

（1）降低轧制润滑油的黏度，以提高它的冷却能力。轧制油黏度的降低，可提高对轧辊及轧件的冷却效果，有利于改善轧件的表面质量（提高表面光洁度），也有利于除去轧件表面的残油。但黏度降低的前提是必须要保证轧制油的润滑性能。目前国外已有部分供应商研制出的轧制油运动黏度在 $4.5 \ mm^2/s$（40℃的条件下）左右，闪点为 120℃（安全性有待考察）。国内也有个别供应商研制出的轧制油运动黏度在 $4.2 \ mm^2/s$（40℃的条件下）左右，闪点为 145℃。

（2）加大轧制过程轧制油的流量。在流量加大的同时还要将其分为以下部分：轧辊的基本冷却、轧辊的区域冷却、带材的强制冷却；而对带材的强制冷却所占的流量为总流量的 70% 左右，以保证带材出口温度降到要求数值。

但是，在流量加大后，会对冷却系统喷嘴或喷射板的设计提出更高的要求，因它的变形会使喷射角度、流量改变，使冷却、润滑效果明显下降，产品的板形、表面质量均会恶化；如何保护好喷射系统，也是设计者的重要内容。同时流量的加大，对除油系统也会提出新的挑战，若残油量达不到小于 $200 \ mg/mm^2$ 的要求，会造成带材在卷取时的横向串动，导致无法卷齐。当前国内外的轧机设计师及制造商均围绕该课题提出不少新的设想及改进方案，但效果仍不尽人意。可以说，仍然属今后攻关的课题。

（3）改善油品成分。在基础油方面，为减轻带材轧后退火时留下油的斑迹，选用低黏度窄馏分的基础油；在添加剂方面为提高轧件的表面光洁度，防止表面产生波状损伤，应减少或不采用醇类添加剂而选用酯类的，同时加上抗氧化、耐磨、耐腐蚀的添加剂。

2.4　铜板带其他加工技术

95. 什么是异型带？异型带的生产方式有哪几种？

（1）异型带

随着电子工业的高速发展，电子元器件向着高可靠性、高集成度及小型化方向发展。塑封半导体分立元件中的功率管，也对其所使用的铜加工产品提出了更高的要求，而高精度异型铜带正是制造功率管框架的关键材料。异型带是指端面几何形状矩形以外的带材。种类非常多，目前国内主要有 U 型、T 型、M 型、W 型以及背面存在对称矩形槽的带材。形状如图 2 - 10。

U型带　　　　　　　T型带　　　　　　　M型带

图 2 - 10　异型带形状

（2）异型带生产方式

异型带的生产方式主要有 5 种，分别是：

①轧制法：主要是通过轧辊轧制出相应异型断面，之后由型辊轧制成成品。

②铣削法：首先是以铣削法得到异型带毛坯，然后再用型辊轧制出成品。

③锻压法：它是以高速锻压机锻出异型毛坯，然后通过型辊轧制得到成品。

④焊接法：根据不同厚度的带材，采取氩弧焊的方式得到成品

⑤上引连轧法：上引一定厚度的异型带坯，不铣面直接型辊轧制得到成品。

上述 5 种方法目前以第一种和第三种最为流行和经济，具有成品

率高、产品性能好等优点，世界其他国家引进的生产方法也以此为主；第二种方法成品率低，但是异型端面变换铣刀可以做到很复杂，是其他方法所不能达到的；第四种方法主要是成本高和焊接漏点存在，优点是投资小，合金牌号不受限制；第五种方法设备精度低，只能以生产小卷 T 型系列带，品质低于上述 4 种，但生产投资小，国内有一定市场。

96. 锻压法异型带生产线的组成和作用是什么？

锻压法生产流程如图 2 - 11 所示。

图 2 - 11　工艺流程示意图

锻压法异型带生产线由以下设备组成：开卷机、焊接机、活套塔、压紧装置、涂油装置、导向装置、锻压机、废边卷取机、在线退火炉、擦拭辊、清刷机、擦拭器、预应力轧机、测厚仪、夹送辊、卷取机、纸带开卷装置、卸卷装置。此外还有风动系统、液压系统、水冷系统、工艺润滑系统、设备润滑系统、消防系统及电控系统。

其中，焊接机是焊接两卷坯料的头尾，以便连续生产。锻压机是主要成形设备，上锻锤以每分钟 400 ~ 2000 次的频率锻打下锻砧，锤头和砧面镶有模具，平带坯在此受到不均匀变形而逐渐变成设定的带型。在线退火是消除加硬化以便精轧成形，感应退火炉退火温度为 500 ~ 800℃，带坯行进速度为 3 ~ 8 m/min。

97. 铜排有哪些生产方式？

铜排生产的主要方式有 6 种，其流程和特点分述如下。

（1）轧制 - 锯切法

工艺流程为铸锭加热—热轧—（铣面—下料—冷轧—退火—）酸

洗—冷轧—锯切—边角处理—精整矫直—切定尺—包装—入库。特
点是性能指标能得到较好控制，但存在飞边和锯屑压入，边角非圆
角，表面不够光滑，宽度公差大，满足不了高精度要求，生产成本
较高。

（2）轧制－拉伸法

工艺流程为铸锭加热—热轧—铣面—冷轧—剪条—退火—酸
洗—拉伸—精整矫直—切定尺—包装—入库。特点是各项质量指标
能得到较好控制，生产成本低，但剪切飞边及公差难以控制。

（3）型材轧制法

工艺流程为铁模红锭—热（温）轧—酸洗—粗轧型材—退火—酸
洗—精轧型材—精整矫直—切定尺—包装—入库。特点是性能指标
能得到较好控制，轧机型辊多，生产成本较大。

（4）挤压－拉伸法

工艺流程为铸锭加热—挤压—拉伸—退火—酸洗—拉伸—精整
矫直—切定尺—包装—入库。本工艺添加退火、酸洗工序，来保证
180°弯曲性能，使质量指标得到控制。工序简单，效率高，产能大，
生产成本也较低。

（5）上引（或水平）连铸－轧制－拉伸法

工艺流程为上引（或水平）连铸—冷轧—退火—酸洗—拉伸—精
整矫直—切定尺—包装—入库。特点是工序简单，生产成本最低。
但性能指标不如其他方法好，规格受限制，效率低，产能小。

（6）连续挤压－拉伸法

工艺流程为上引线杆—连续挤压—拉伸—退火—酸洗—拉伸—
精整矫直—切定尺—包装—入库。特点是工序简单，生产成本低，但
生产效率较低。

98. 连续挤压的原理及特点是什么？

（1）原理

要实现连续挤压必须满足：挤压筒应具有连续工作的长度，可以
使用无限长的坯料，而且，不需借助挤压轴和垫片的直接作用力，即

能对锭坯施加足够的力实现
挤压变形。连续挤压工作原
理见图 2 – 12。

这种方法的工作原理是,
在可旋转的挤压轮表面上带
有方凹槽,其 1/4 左右的周长
与被称为挤压靴的导向块相
配合,形成一个封闭的方形空
腔,将挤压模固定在导向块的
一端。挤压时,将比方形空腔
断面大一些的圆坯料端头碾
细,然后送入空腔中,借助于

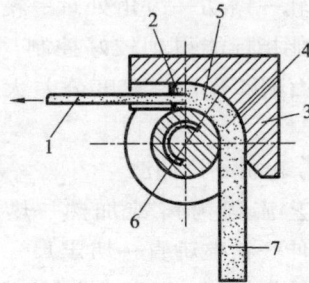

图 2 – 12　连续挤压工作原理示意图
1—制品;2—模子;3—导向块(挤压靴);
4—初始咬入区;
5—挤压区;6—槽轮(挤压轮);7—坯料

挤压轮凹槽与坯料之间产生的摩擦力,将坯料连续不断地拉入空腔
中,坯料在初始咬入区中逐渐产生塑性变形,直到进入挤压区并充满
空腔的横断面。金属在挤压轮摩擦力的连续作用下,通过安装在挤
压靴上的模子连续不断地挤出所需要断面形状的制品。

（2）特点

连续挤压技术是挤压成形技术的一项较新的技术,以连续挤压
技术为基础发展起来的连续挤压覆合、连续铸挤技术为有色金属管、
棒、型、线及其复合材料的生产提供了新的技术手段和发展空间。其
主要特点有:①连续挤压时,挤压制品靠挤压轮转动与坯料间产生摩
擦,将坯料挤出模具;②除了可用实体金属挤压,也可以用棒料、粉
料、熔态料、切削料或废料作为原料进行挤压;③可生产管、棒、型、
线材,更适合于小断面的盘卷制品;④金属的塑性流动是靠摩擦力和
摩擦力产生的升温作用引起的;⑤对铜的升温可达 400 ~ 500℃;⑥挤
压制品成品率高。

（3）优缺点

连续挤压的优点:①可以实现真正意义上的无间断,连续挤压生
产,减少非生产时间,提高生产效率;②挤压轮转动与坯料间产生的
摩擦大部分得到有效利用,挤压变形能耗大大降低;③可节省热挤压

过程中锭坯的加热工序、加热所用的设备投资；④生产成本和能耗低；⑤减少了挤压压余；⑥制品沿长度方向组织和性能均匀；⑦设备紧凑，占地面积小，投资费用较低。

连续挤压的缺点：①挤压槽轮表面、导向块、模子等处于高温摩擦状态，因而对工模具材料的耐磨耐热性要求高；②对坯料预处理要求高；③连续挤压法，一般用于小断面的盘卷生产，生产大断面的产品时，产量远低于常规挤压法；④由于连续挤压法的特点，限制了生产高精度的产品；⑤工模具更换比常规挤压机要困难；⑥对设备液压系统、密封和控制系统要求高。

99. 连续挤压工艺有什么特点？

坯料在挤压空腔内受到剧烈的剪切作用，金属流动较紊乱，而且挤压模进料孔前的死区很小，很难获得常规挤压时死区阻碍金属表面缺陷流入制品中的效果。因此，采用盘杆坯料挤压时，一般都要对坯料进行预处理，防止坯料表面的油污、氧化皮等缺陷流入制品中，影响产品质量。

连续挤压时，模孔入口附近的压力值可高达 1000 MPa 以上，坯料与工具表面的摩擦发热较为显著，一般对于低熔点金属，不需要进行外部加热即可以使变形区温升达到 400～500℃ 而实现热挤压。对于铜及铜合金等较高熔点的材料，单靠摩擦发热很难达到金属变形的热挤压温度，所以挤压铜及铜合金制品时，一般需要对轮槽、模座进行辅助加热才能实现稳定挤压。

连续挤压工艺流程如下：盘杆—开卷—矫直—预处理（机械清刷或超声波清洗）—连续挤压—水冷却器—制品。

采用连续挤压法挤压铜合金时，最大挤压比可达 20。制品可以挤压成卷也可以生产定尺长度的制品，对于铜合金制品一般以 $\phi 5\ mm$ 以下的线材以及小尺寸简单端面形状的异型材为主。挤压制品沿长度方向组织、性能均匀，成品率可达 90% 以上，甚至可高达 95%～98.5%。其生产能力取决于挤压轮的直径和转速。

100. 采用连续挤压法生产铜异型材和铜排的关键技术是什么?

由于铜的变形抗力、变形温度都很高,因此在连续挤压铜异型材和铜排的过程中一定要解决好如下几个非常重要的工艺问题。

(1)挤压速度和温度

在连续挤压加工母材的生产过程中,挤压速度和温度是影响金属加工质量和使用寿命的重要因素。一般而言,挤压速度越大,被周围介质吸收的热量就越少,则金属塑性变形的温度就越高,反之亦然。在挤压过程中,挤压速度与温度密切相关。提高挤压速度,则挤压温度也随着升高,反之亦然。为了保持挤出产品的形状整体性,塑性变形区的温度必须与金属塑性最好时的温度相适应。变形温度对金属的塑性有着重大影响,通常铜在 750~900℃ 时的塑性最好,在此温度范围内既能使铜易于成形,又能减小变形力。同时挤压轮转速决定着挤压速度,但转速过高会增加不均匀变形程度和变形热量,从而降低模具寿命。为了保证在型腔中达到理想的温度,就要设计合适的有效摩擦长度。

(2)冷却速度

铜在冷却过程中,由于各部分收缩的非均匀性,容易造成材料表面受拉、内层受压,从而产生热应力,影响其表面质量。为了避免这些问题,必须选择适当的冷却速度,并按一定的冷却规范进行冷却。

(3)模具强度

铜在变形时温度很高,变形抗力也很大,并且挤压过程是连续进行的,模具冷却比较困难,因此,对模具的高温强度提出了很高的要求。

第 3 章　铜合金板带材热处理及精整技术

3.1　热处理技术

101. 怎样确定铜材退火工艺制度?

退火的主要工艺参数是退火温度、保温时间、加热时间和冷却方式。退火工艺制度的确定应满足如下 3 方面的要求:保证退火材料的加热均匀,以保证材料的组织和性能均匀;保证退火材料不被氧化,表面光亮;节约能源,降低能耗,提高成品率。因此,铜材的退火工艺制度和所采用的设备应能具备上述条件。如炉子设计合理,加热速度快,有保护气氛,控制精确,容易调整等。

(1)退火温度

退火温度是根据合金性质、加工硬化程度和产品技术条件的要求决定的,一般中间退火温度应高于再结晶温度,成品退火则应按照产品状态的要求根据软化曲线和晶粒度 – 温度曲线选择退火温度,去应力退火的温度则应低于再结晶温度。此外,还应考虑到实际情况,如对厚规格板带材的退火温度应比薄规格的退火温度要高一些;对装料量大的要比装料量小的退火温度高一些;板材要比带材的退火温度高一些。

高锌黄铜如 H68、HSn70 – 1、HAl77 – 2 等在退火时要严格控制温度。因为它们在 700℃ 以上的温度退火,就会蒸发,也易于和氧、水反应生成氧化锌而产生"脱锌现象",使制品表面出现麻点。

高锌黄铜、锡黄铜和硅黄铜等是对应力腐蚀敏感的合金。因此,它们在冷变形后应立即进行消除应力退火。消除应力退火的温度应低于再结晶温度。

（2）加热速度

要根据合金性质、装料量、炉型结构、传热方式、金属温度、炉内温度差及产品的要求确定。因为快速升温可提高生产率、晶粒细、氧化少，半成品的中间退火大都采用快速升温；对于成品退火，装料量少、厚度薄，大都采用慢速升温，对锡磷青铜等类合金应采取缓慢加热方式，以防产生裂纹。

（3）保温时间

应能使制品各部分温度均匀、使再结晶充分完成、使晶粒度符合标准的要求。炉温设计时，为提高加热效率，加热段的速度比较高，当加热到一定温度后，要进行保温，此时炉温与料温相近。保温时间是以保证退火材料均匀热透为准。

（4）冷却速度

对于大多数铜合金采用水冷或空冷就能基本满足，一般成品退火大都是进行空冷，中间退火有时可采用水冷；对于有严重氧化倾向的合金产品，可以在急冷下使氧化皮爆裂脱落。除紫铜、H96、H68、HAl77－2、B10 等合金外，一般均应缓慢冷却，以防止急冷引起应力不均而扭曲、开裂。

102. 怎样选择铸锭均匀化退火工艺参数?

铸锭均匀化退火作为热变形前的预备工序，其首要目的在于提高其加工性能，但它对整个加工过程及产品质量均有很大影响，因此往往是不可缺少的。铸锭是否进行均匀化退火，主要根据合金特性及铸造方法，当铸态组织不均匀、晶内偏析严重、非平衡相及夹杂在晶界富集以及残余应力较大时，铸锭应进行均匀化退火。对于铜及铜合金而言，一般较少采用独立的均匀化退火工序，大多数采用热加工前的加热代替均匀化退火，只有锡青铜以及白铜等偏析较严重的合金材需要进行单独的均匀化退火。

均匀化退火需要控制的主要工艺参数有：退火温度、保温时间及炉内气氛。

（1）退火温度的选择

均匀化退火温度的确定跟合金的特性、退火设备以及炉内气氛有很大关系，因为均匀化退火的过程是一个通过原子扩散来实现消除偏析的过程，温度的提高可以加速原子扩散，所以要尽可能提高退火温度。一般情况下，它低于状态图上的非平衡固相线。

但是有些合金在非平衡固相线下退火，无法达到组织均匀化，或者需要的退火时间很长，这时退火温度可以选择在非平衡固相线以上、平衡固相线以下。另外，还有些合金，不能采用这种高温均匀化退火的工艺，可以先在非平衡固相线以下的温度进行加热，一段时间后非平衡相部分溶解，固溶体内成分不均匀性降低，使得非平衡线温度升高，这时再以较高温度完成均匀化退火过程。

在实际生产中，退火区间的选择通常要经过反复的试验才能确定，尤其是对于多元合金。根据状态图和经验，一般只能确定一个大概的范围，在此范围内进行多次试验，观察显微组织及性能的变化，才能最终确定合理的温度参数。

（2）保温时间的确定

均匀化退火的保温时间主要取决于退火温度，其次还与材料特性、设备结构、装炉方式、装炉量及保护性气体有关。根据扩散理论，扩散速度与浓度梯度成正比，随着保温时间的增加和扩散的进行，浓度梯度不断降低，均匀化进程将不断减缓，这表示均匀化过程只是在开始阶段进行的最剧烈，之后就不断减慢，因此，过分延长保温时间是没有意义的。

（3）炉内气氛的选择

气氛的选择主要根据炉内气氛的性质与合金相互作用特征，同时考虑炉内气氛中某些成分和杂质对合金的有害影响。理想的加热气氛一般选用中性气氛或微氧化性、微还原性气氛。

103. 怎样选择中间退火工艺参数？

中间退火的作用主要是消除冷变形过程中带来的加工硬化，提高合金塑性，降低变形抗力，使冷轧时产生的纤维组织，经退火后变成再结晶组织，以便继续冷轧。根据不同的退火设备，需要控制的工艺参数也会略有差别，但其主要工艺参数确定为以下4种。

（1）退火温度

为达到消除加工硬化的目的，中间退火的温度需要高于合金的再结晶温度，另外要根据不同的退火设备来确定其具体温度。如箱式炉和罩式炉，为提高带卷的升温速度，炉温与料温相差较大，同时带卷不同部位也存在温差，而且不同装炉量和不同成分的保护性气体都会造成温差，另外，这两种炉型在选择退火温度时，为防止卷层间的粘结，一般采用下限温度。而对于连续式退火炉，一般炉温与料温差距较小，同时，带材在炉内的停留时间非常短（薄带的停留时间仅有几秒），所以要想实现完全再结晶，退火温度必须比上面两种炉子高。

（2）加热速度

对于连续式退火炉来说，这不是一个重要的工艺参数，因为连续式退火炉为快速加热方式，升温过程是在带材进入加热区之前完成的。而对于箱式炉和罩式炉，中间退火大多采用快速升温。

（3）保温时间

中间退火的保温时间应能使带材各部分温度均匀，使再结晶充分完成，使晶粒度符合要求。中间退火的带卷都是在张力条件下卷取的，所以卷层间紧密，用箱式炉或罩式炉退火时，热对流层间的传递阻力很大，保温时间必然要长。但对紫铜、锡磷青铜等合金，在退火时间较长的情况下，要严防层间粘结。而对于连续式退火炉由于带材在加热区停留时间短，所以不存在这个问题。

（4）冷却速度

中间退火的冷却方式采用空冷即可，有时也可采用水冷。但是对于有严重氧化倾向的合金，可在急冷下使氧化皮爆裂。

104. 怎样选择成品退火工艺参数？

成品退火，也就是产品的最终退火，其作用是通过控制退火工艺来得到不同状态和性能的产品(在铜加工中,大多为软态制品)。成品退火需要控制的主要工艺参数有:退火温度、加热速度、保温时间、冷却速度以及退火的气氛。

(1)退火温度

成品退火应根据软化曲线(合金力学性能与退火温度的关系曲线)、晶粒度－温度曲线以及产品状态的要求来选择退火温度。基于和中间退火相同的原因,连续式退火炉的温度设定要比箱式炉和罩式炉高。另外,还需考虑到实际情况,如对厚带的退火温度应比薄带高一些,装料量大的要比装料量小的退火温度高一些。

(2)加热速度

成品退火一般都采用慢速升温,如对于锡磷青铜等合金应采用缓慢加热方式,而对于锌白铜等应力比较集中的合金,需采用阶梯加热的方式。

(3)保温时间

成品退火的保温时间应以保证带材均匀热透为准。另外,对于成品退火,保温时间的确定与其退火温度的选择也有很大关系。在保证产品状态及性能的前提下,可适当的提高退火温度以缩短保温时间,但对于箱式炉和罩式炉来说,还要防止出现粘结。而对于气垫式连续退火炉,除了与退火温度有关外,还与风机转速和炉内气氛有关(影响热传导)。

(4)冷却速度

成品退火一般采用空冷就能基本满足要求。但对于连续式退火炉来说,为保证生产的连续性,必须采用快速冷却的方式。

(5)气氛控制

它对成品性能及表面质量都有直接影响,尤其对退火时间的影响更大。退火炉的炉内气氛主要有 3 种类型:纯氮、低氢、高氢(不同炉型对于低氢与高氢的定义也有所差别)。今后发展的趋势是向高氢发展,因为它易实现真正的光亮退火,而无需酸洗、刷洗,从环保及提高表面质量的角度出发都是有利无弊的,同时还能提高生产效率。但高氢不适用于含氧量高的紫铜带退火。

对于气垫式连续退火炉，风机转速和炉内张力也是非常重要的工艺参数，尤其是风机转速，它关系到气垫压力差的形成。

105. 怎样选择去应力退火工艺参数？

去应力退火的主要作用是消除成品工序因加工变形带来的残余应力及剪切成品时留下的剪切应力。其主要工艺参数是退火温度、保温时间和冷却速度：

（1）退火温度

需要进行去应力退火的产品一般都是硬态产品，其产品性能是在去应力退火前通过加工率来控制的，所以去应力退火要在保证消除产品残余应力的同时，不能损失产品的机械性能，因此，其退火温度要保证在合金的再结晶温度以下。

（2）保温时间

去应力退火的保温时间可适当的延长，以保证残余应力彻底消除。

（3）冷却速度

去应力退火一般要采用缓慢冷却的方式，以避免因急冷而产生新的应力变形。为此在新一代的气垫式退火炉设计中，增设了缓冷区（此区配有加热器）。

106. 怎样选择固溶处理工艺参数？

固溶处理一般在热轧终轧之后立即进行，有些品种也可在预精轧的工序后进行，如铍青铜、CuNiSi 合金，还有部分产品在成品前或成品工序进行，如铍青铜、锆青铜等。其需要控制的主要工艺参数有固溶温度、间隙时间和冷却速度。

（1）固溶温度

铜合金固溶温度取决于合金成分和共晶温度。一般固溶加热温度应稍低于合金的低熔点共晶温度，以免出现过烧；加热温度过低，合金元素（强化相）不能充分固溶，成分不均，合金在其后的时效处理后将达不到性能要求。固溶加热温度的下限，应使合金元素充分固溶，合金元素（强化相）固溶越充分、成分越均匀，时效时强化效果越好。

铜合金固溶加热保温时间主要取决于强化相的溶解速度，时间太短易引起固溶不足，时间太长则造成晶粒粗大。

（2）间隙时间

间隙时间是指材料从出炉到开始固溶的间隙时间。材料从加热炉到固溶介质之间的转移，无论是机械操作还是手工操作都必须在规定的时间内完成。否则材料的温度会在室温大气条件下因辐射、对流而降低，已充分溶解于固溶体的强化相出现局部分解、析出、聚集，从而降低固溶效果。铜合金的固溶转移时间一般为10～35 s。

（3）冷却速度

合金材料在固溶加热后必须迅速冷却，以抑制合金在慢冷时必然出现的次生相析出。如果出现这种相的析出，固溶体的过饱和度就会下降，时效效果就会削弱。太快易产生残余应力或裂纹、破裂。典型合金如 Cu – Fe – P 系引线框架带材，其冷却速度要求大于10℃/s。

板带材的固溶通常在热轧卷取后进入水槽，一是温度误差大，二是大卷金属的热容量大，短时内温降难以达到要求，故固溶效果较差。近年来研发出热轧在线固溶技术解决了上述问题。它是在热轧机后辊道上设置多排喷嘴，从上下两面对带坯喷淋冷却水。该技术已应用于引线框架铜带的生产。

107. 如何确定时效工艺制度？

固溶处理后，合金得到的是亚稳定的过饱和固溶体，因此存在向稳定状态自发分解的趋势，有些合金在室温就可分解，但大多数合金需要加热到一定温度才能分解。这种室温保持或加热以使过饱和固溶体分解的热处理称为时效或回火。在室温下进行的时效称为自然时效；在加热到一定温度下进行的时效称为人工时效。

时效是使过饱和固溶体中的强化相析出的热处理过程。其需要控制的主要工艺参数是时效温度和时效时间。确定这两个工艺参数要以析出相不聚集，且均匀弥散在晶内、晶界上为原则。若不适当的提高时效温度或增长保温时间，会降低强化效果，使导电率下降，力学性能受损。

表 3 - 1 所示为部分铜合金的固溶 - 时效制度。

表 3 - 1　部分铜合金的固溶 - 时效制度

合金牌号	淬火			时效	
	加热温度/℃	保温时间/min	冷却介质	加热温度/℃	保温时间/min
QBe2、QBe1.9	780 ~ 800	15 ~ 30	水	300 ~ 350	120 ~ 150
QCr0.5	920 ~ 1000	15 ~ 60		400 ~ 450	120 ~ 180
QZr0.2	900 ~ 920	15 ~ 30		420 ~ 440	120 ~ 150
QTi3.5	850	30 ~ 60		400 ~ 450	120 ~ 180
BAl6 - 1.5	910 ~ 950	120 ~ 180		495 ~ 505	90 ~ 120
QFe2.5	900 ~ 950	180 ~ 240		450 ~ 550	240 ~ 480

注：保温时间与带坯(试样)大小有关系。

108. 如何确定再结晶温度？其影响因素有哪些？

(1) 再结晶温度的确定

再结晶并不是一个恒温过程，它不过是随着温度的升高而大致从某一温度开始进行的过程，这一大致开始再结晶的温度即再结晶温度。再结晶温度与变形程度的关系极大，一般的规律是变形程度(加工率)越大，再结晶温度越低；变形程度越小，再结晶温度越高。各种金属的最低再结晶温度与其熔点大致有如下关系：

$$T_{再} \approx 0.4T_{熔} \qquad (3-1)$$

为了缩短退火周期，在工业生产上，再结晶退火的加热温度经常定为最低再结晶温度以上 100 ~ 200℃。而实际操作中，具体的再结晶温度应该由该材料的温度 - 性能曲线图决定。一般地认为硬度、强度明显降低而塑性显著提高时的温度为开始再结晶温度(曲线上的拐点)。

（2）再结晶温度的影响因素

①金属的预先变形程度。变形程度越大，金属畸变能越高，组织也越不稳定，向低能量状态变化的倾向也越大，因而金属的再结晶温度越低。但应指出，当变形程度增加到一定数值后，再结晶温度趋向于一稳定值。

②金属的纯度。金属中的微量杂质或合金元素，特别是高熔点元素，常会阻碍原子扩散或晶界的迁移，故金属纯度的降低常可显著提高其再结晶温度。不过杂质或合金元素的作用在低含量时表现最为明显，当其含量增至某一浓度后，往往便不再提高再结晶温度，有时反而会降低再结晶温度。

③加热速度。加热速度过慢或过快均使再结晶温度升高。这是因为，若加热速度十分缓慢，则变形金属在加热的过程中有足够的回复时间，使畸变能减少，从而减少再结晶的驱动力，使再结晶温度升高。若加热速度过快，则变形金属在不同温度下停留的时间很短，进而使再结晶的形核和长大过程来不及进行，所以只能推迟到更高的温度下才能发生再结晶。

109. 铜板带材退火炉主要有哪些？各有什么特点？

铜合金常用的退火炉很多，按结构分为箱式炉、井式炉、步进式炉、车底式炉、辊底式炉、链式水封炉、单膛炉、双膛炉、罩式炉等；按生产方式分有单体分批式退火炉、气垫式连续退火炉等；按炉内气氛分有无保护气氛退火炉、有保护气氛退火炉和真空炉等；按热源分有煤炉、煤气炉、重油炉、电阻炉、感应炉等。淬火炉有立式、卧式、井式 3 种。

①箱式炉。炉体和炉底通常是固定的，采用成批装出料，也可采用半机械化装置，经过退火后成批出料。结构简单，投资少，但炉膛内部各部位温差大，产品性能容易不均匀，热效率低仅为 12% ~ 17%，生产率一般在 1 t/h 以下，通常用于板坯的氧化退火，仅在旧式加工车间采用。

②马弗炉。炉体结构与箱式炉基本相同，在箱式炉中放置密封

罐(马弗罐),退火料置于罐内,采用石棉或泥沙密封,有时罐内还放入木炭以便退火时起保护作用,炉料不与炉气接触,温度均匀,但退火时间长,燃料消耗大,利用系数低,装料量一般在 50~200 kg,仅在某些工厂小卷箔材成品退火时采用。

③车底炉。由一个炉体及两个炉底组成,炉底由卷扬小车牵引,装出料处采用沙封,2 个炉底可以轮换工作,装卸料比箱式炉方便,结构较简单,仅需要专门的台车移动机构,但炉底热量损失大,大多用于铜及铜合金板材中间退火。

④矩形罩式炉。通常由可移动外罩和数目在两个以上的炉台组成,燃烧装置装在外罩上,有的还使用内罩。可以连续工作,一台炉台在加热而另一个炉台则可冷却及装料。灵活性大,生产率一般为1~3 t/h,装料量达 5~15 t。目前耐热钢板制成的内罩及装料的底垫寿命低,外罩的升降需要大型吊车,大多用于板材退火。

⑤钟罩式炉。与矩形罩式炉相同,但内、外罩是圆形的,内罩常通入保护性气体,炉温较均匀,大多用于卷材退火。

⑥井式炉。由炉体、炉胆及炉盖组成,炉体位于地平面下方,炉体炉胆均为圆筒形,设有数个冷却井,炉胆内一般通入保护性气体,退火后炉胆再吊入冷却井中。井式炉密封性好,退火质量高,生产率一般为0.2~1 t/h,功率为 80~150 kW,主要用于卷材成品光亮退火。

⑦推料式连续退火炉。通常将卷材放在耐热钢底垫盘上,底垫盘在推料机的重复推动下,由装料端移向出料端,可以连续工作,生产率高,退火较均匀,电能消耗少,但不适用于多品种及长方形的板条等产品,大多用于连续生产批量大、品种较少的卷材中间退火及成品退火。

⑧步进炉。由步进梁的升进降退运动实现装卸料,炉料与炉底不会滑动,但传动机构较复杂,步进梁与炉底间的空隙有冷空气吸入,主要用于宽厚板材退火,也可供热轧前锭坯加热使用。

⑨辊底炉。在炉内装有传动辊,与连续式推料炉相似,但不采用底盘及推料机,生产率高,结构较复杂,需要耐热钢辊子及其传动机构,大多用卷材退火。

⑩链式炉。在炉底装有传动链带，生产率高，装出料方便，但结构复杂且密封性不好。

⑪链式水封炉。在装料及出料处设有水封，密封性较链式炉好。大多用于尺寸较小的板材及卷材的退火，但链式水封炉不适于出炉后浸水影响性能的合金。

⑫立式牵引炉。用于带材连续光亮退火及淬火。先由开卷机开卷，随后通过电动剪及焊接机，进入除油槽或者烧除残余润滑油的煤气烧嘴，既去除润滑油，又使黄铜表面发暗有利于退火时快速受热，带材牵引通过加热室、冷却室(有的还配置酸洗室)，最后卷取，炉前后均有活套坑。与一般退火炉相比较，时间短，温度高，受热均匀，退火后晶粒度小，生产率很高，可达 0.5 ~ 4.5 t/h，但炉型结构复杂，带卷必须很长，在退火时要防止拉力太大及受阻时出现断带事故。

⑬卧式牵引炉。采用简单的牵引机构使带材连续通过炉膛，带材在炉前后均有压辊，在炉内呈悬浮状，加热均匀，常用于铍青铜带材淬火，出炉后有喷水装置，当喷水不均时由于淬火应力大易使薄带翘曲。现在已成功使用的气垫式退火炉，生产率高，而且产品质量好。

⑭卧式牵引水封炉。与卧式牵引炉结构相同，但进出料处有水封，淬火时，出料侧的水封采用循环水，结构简单但退火或淬火时不均匀且容易擦伤带材表面，可用于带材退火及淬火。

⑮立式炉底升降炉。可用于退火及淬火，炉底为耐热钢制成的平车，炉料放置于平车上，沿轨道将平车推至炉罩下面，用卷扬机或液压装置将炉料及平车升入炉内加热，通常几个平车交替使用，结构较简单，受热均匀，生产率较高，用作淬火时，放置炉料的平车下降浸入水槽中或用冷却水喷射。

110. 钟罩式带卷退火炉的结构特点是什么？

①每套炉组主要由 2 个炉台，2 个内罩，一个加热罩，一个冷却罩，控制设备及其他辅助设备组成。加热罩内的电加热器单区控制，电阻丝排列在下部，约占整个罩内高度的 1/2 ~ 2/3。

②内罩与炉台之间的机械连接用一个圆形橡皮密封圈（水冷却的）装配起来，然后用液压夹紧气缸自动地压紧，借助于在炉台法兰和内罩法兰之间的水冷橡皮密封件，可得到良好的真空密闭性。炉台中的绝热件完全嵌在金属中，炉台风扇马达有一个橡皮密封罩（风扇轴处无需任何机械密封），炉台风扇马达四周的密封罩没有运动件，以保证维持炉内气氛的低露点。

③冷却罩上有两台风机，罩内绕顶部一周均安装有冷却水喷嘴，用以内罩冷却。

④采用由电子点火和电动烧嘴控制系统的高速烧嘴（在煤气燃烧的钟罩式退火炉上），非常迅速、均匀地将热量传递到内罩。

⑤控制中心包括温控仪，超温安全断路器，多点式温度记录仪，选择开关，定时继电器，警报蜂鸣器等温控系统和记录系统。

⑥采用带卷堆垛倾翻机构装卸较大的料卷，线材卷和窄薄带卷可以通过装料架以水平方式装入退火炉。

⑦利用气体的导热系数来控制氢气、氮气的混合比。在退火过程中，可以连续进行抽样，并通过氢气控制仪和露点分析仪对气氛及露点的变化进行连续分析并连续记录，自动按要求进行补充、调节。

在同等生产能力的情况下，钟罩式退火炉的建设费用只有气垫式退火炉的一半或1/3。辅助设备少，占地小，能耗低，生产比较灵活，热效率可达55%以上，有较高的生产效率，适用于带卷的中间退火和最终退火。

111. 钟罩式带卷退火炉的操作要点是什么？

①内罩扣上后才允许抽真空和充气。

②抽真空后充氮气，再抽真空充氮气；也可在低温（250℃左右）时边抽真空边充氮气，以便带材黏附的润滑剂挥发并排出炉外，然后抽真空再充保护气进行加热、保温。冷却完毕后，再抽真空，充氮气出炉。

③充氮气充氢气相互交替，不能同时进行。

④黄铜退火时可能有脱锌现象，产生锌蒸汽附着在内罩内壁或

循环风机上；带材表面轧制油等润滑剂未挤净，加热时挥发，挥发分在内壁和风机上发生炭化，要及时清理，防止二次污染带材。

⑤退火工艺最好采用"低温排烟—高温快速加热—适当保温"的原则，既有利于保证表面质量，又能保证性能均匀、提高生产效率。

⑥退火完毕，一定要充分冷却到 60℃ 以下方可打开内罩。

112. 部分铜合金带卷罩式退火工艺举例。

铜合金罩式炉退火工艺举例见表 3 - 2。

表 3 - 2　铜合金罩式炉退火工艺举例

规格 牌号		板带不同厚度的退火温度/℃				保温时间 /h	出炉温度 /℃	保温气氛
		3.0 ~ 5.0 mm	1.0 ~ 3.0 mm	0.5 ~ 1.0 mm	<0.5 mm			
H65	中间退火	530 ~ 560	500 ~ 530	480 ~ 510	460 ~ 490	3.0 ~ 4.0	≤85	25% H_2 +75% N_2
	成品退火	500 ~ 530	480 ~ 510	460 ~ 490	460 ~ 480	3.0 ~ 4.0	≤70	
C1100	中间退火	380 ~ 410	350 ~ 390	330 ~ 370	300 ~ 340	3.0 ~ 4.0	≤45	
	成品退火	390 ~ 420	360 ~ 400	340 ~ 380	320 ~ 360	3.0 ~ 4.0	≤40	
C5191	中间退火	540 ~ 560	500 ~ 540	460 ~ 500	420 ~ 460	3.0 ~ 4.0	≤45	75% H_2 +25% N_2
	成品退火	520 ~ 540	480 ~ 520	440 ~ 480	400 ~ 440	3.0 ~ 4.0	≤40	

113. 气垫式退火炉的特点是什么?

现代铜板带生产中，采用钟罩炉和气垫炉进行成卷或单条连续退火是最理想的方法。对于退火带材的厚度在 1.5 mm 以下，特别是薄带材时，则以气垫炉为最佳，这是由于在钟罩炉内退火 0.3 mm 以下的薄带材将会发生粘连，很难处理。铜及铜合金的辐射系数很低（大约 0.1），辐射能力达不到要求，而气垫炉带材加热靠对流传热。

气垫式退火炉广泛地应用于铜合金的带式退火。它要求在同一个炉上退火的带材，最厚规格与最薄规格之比在 15 左右，最宽规格与最窄规格之比在 2 左右。而且同一条带材的厚度与宽度应有一定的比例，约为 1 : 250（最小），如 1.5 mm 厚度带材的最小宽度为 400 mm，300 mm 宽的最大厚度为 1.2 mm，这主要是便于克服设计上的困难。退火铜材的厚度在 0.05~2.0 mm；宽 250~1000 mm。退火速度一般为 5~50 m/min，但 400 mm 宽带材可达 100 m/min，550 mm 宽材可达 70 m/min，都已取得成功。生产效率可达 5 t/h。热效率在 55% 以上。

气垫炉有水平式和立式，又有酸洗炉和光亮炉之分。目前在国内铜加工行业多采用水平式气垫退火酸洗炉。水平式气垫炉（带酸洗）的特点：①热源可采用电加热和燃气加热；②炉内通过循环风机进行热风循环，并根据带材厚度调整上下喷嘴状态，使带材悬浮在炉中；③氮氢混合气体比例可以调节；④保护气体密封：进口为密封辊，出口为水封；⑤在炉子的出口侧配有酸洗和刷洗设备；⑥通过炉内恒定的低张力，适应薄带退火。

114. 气垫退火炉设备的结构特点是什么？

（1）脱脂装置

虽然在现代轧机的轧制中，采用了真空吸附等除油装置，但冷轧后的带材表面仍附有厚度为 2~5 μm 的油层，这是由于冷轧时采用油或乳液润滑残留的，并附有脏物。这些油脂带入炉内，在高温下汽化或裂化，或者在带材表面留下斑痕，或者大部分沉积在冷却区冷却器的管子上和喷气装置上引起污染，从而降低生产率甚至会导致故障，使炉内部件渗碳，产生脆裂倾向。为了保证带材表面光洁和不致污染炉子，带材在退火前进行脱脂就十分必要。

（2）对中控制系统

气垫式连续退火机列很长，从开卷到卷取，一般长度在 100 m 左右。生产时控制带材跑偏是关键之一，否则易于出现生产故障，卷边、刮坏设备和边缘卷取不齐，给下道工序造成困难。所以在前后活套塔出入口、气垫炉出口和卷取机前分别装有光电作用的控制辊，以保证带材不偏离机列中心线。

（3）张力控制辊

为了调节和控制带材的张力和速度，机列设有若干对 S 辊，分别由电机传动。为了不致擦伤带材表面，辊身均包有一层约 1.5 mm 厚的橡胶。带材通过炉内时，必须有一个向前的牵引力，但炉内张力必须是很小的，以免带材在高温下产生几何尺寸的改变。过大的张力，还可使带材出现纵向皱折被拉断。控制方式有别于 S 辊的控制方式，采用气动控制张力辊、跳动辊等小张力控制系统，以实现炉内张力的精确控制和调整。

（4）气垫炉加热区

它是带材气垫炉退火的关键设备。单条带材通过炉内退火，不采用辊道，而用气垫。气垫炉包括密封装置、加热段、冷却段及水封装置。并配备有穿带装置、加热器及循环风机。

炉套是一个焊接的气密性的外壳，它和内套之间用陶瓷纤维填充，内套装有喷气系统、喷气箱及挡板和用于气体循环的导流板，并配有温度检测、记录仪表和自动控制装置。

为了使炉子有好的密封性，炉子的入口用锁气室、密封辊等装置进行气封。炉子的出口是水封的，带材经冷却段冷至80℃以下，然后经由水封槽出炉。水的温度一般应在40℃以下。

气垫炉可用电或燃气加热。用电加热时，炉气（或保护气）通过热辐射管被加热到工艺要求的温度，再均匀地喷射到带材表面上。退火黄铜可不用保护气，而退火紫铜要用保护气，其成分由氮或氮中加少量氢。

（5）冷却区

其结构大体与加热段相同，只是加热系统改成冷却系统，冷却气体先由冷却区尾部再到冷却区头部。一般情况下，带材通过冷却段经水封出口后的带材温度应小于 $60 \sim 80℃$。

（6）钝化装置

为了防止退火后的带材表面变色，以便长期存放，可在带材抛光后加入钝化装置，或在抛光热水刷洗后通过喷涂保护剂的装置。

115. 部分铜合金带卷气垫式退火工艺举例

气垫式退火炉的退火工艺举例如表3－3。

表3-3　气垫式退火炉的退火工艺举例

牌号	状态	温度/℃	0.50~0.55	0.56~0.60	0.61~0.65	0.66~0.70	0.71~0.75	0.76~0.80	0.81~0.85	0.86~0.91	0.92~0.99
H65	中间退火	700	19	19	16	14	13	11	11	10	10
	软态		23	21	19	18	17	16	16	15	14
C1100	中间退火	600	22	20	18	16	15	14	13	12	11
	软态		17	15	14	13	12	11	10	9	8
C5191	中间退火	720	19	18	16	15	14	13	12	11	10
	软态		17.5	17	16	14	12	11	10.5	10	9

注：保护性气体的氢气含量≤5%，余量为氮气。

116. 气垫式退火炉的操作要点是什么？

①冷轧后的带材表面附有厚度在 2~5 μm 的油层和脏物。因此带材在退火前脱脂、成品前钝化就十分必要，保证脱脂液、钝化液的温度及浓度十分必要。配比时必须保证配比用水质量。

②气垫式连续退火机列很长，所以要时刻注意前后活套塔出入口、气垫炉出口和卷取机前分别装的光电作用的对中辊运行正常，以保证带材不偏离机列中心线，防止出现带材生产故障，卷边、刮坏设备和边缘卷取不齐，给下道生产工序造成困难。

③根据不同区段设置的 S 辊，机列不同区段的张力控制不同，带材通过炉内高温段时，炉内张力必须是很小的，通常情况稳定在 50~1200 N，其他区段的单位面积的张力一般为 2.0~8.0 N/mm^2。

④炉子的出口是水封的，带材经冷却段冷至80℃以下，然后经由水封槽出炉。水的温度一般应在 40℃以下。

⑤一般退火较厚的带材，采用较高的风机转速，薄料反之，通常分级转速为 600~1200 r/min。

⑥清刷机的转速一般控制在 800~1200 r/min，通常旋转方向同料的运动方向相反。清刷的压下电机功率一般不大于额定功率的 50%。

⑦对同一种材料，在同样的温度、速度下，采用高的喷嘴压力可使料的温度更高一些，因此退火后料更软一些。通常在不造成料表

面划伤的状况下，采用较高的喷嘴压力，可在保证现有产品性能的基础上提高退火速度，从而提高生产效率。

⑧严格保护气的成分范围，特别是 $N_2 + H_2$ 的混合气，不能使得 H_2 处在爆炸极限范围；同时控制杂质含量（比如氧含量）、压力、流量等。保持正常工作的炉内压力为 2 mmbar① 以上。

⑨厚度小于 0.6 mm 的带材卷取时上套筒；头尾缝合时注意厚薄相接时垫加额外的铜板；机列开、停机特别注意炉子风机转速的控制。

⑩带材退火后板形呈"M"形。需要关注加热、冷却速度是否过快，薄带退火加热温度不应太高，或者采用薄带、厚带不同退火温度。例如，在 670℃ 下 H65 黄铜厚度 0.23 mm 带材很难控制好退火后的板形，而在 650℃ 退火板形情况较稳定。

117. 热处理炉内气氛如何控制？

铜及铜合金根据金属及合金的特性，对退火炉内气氛有不同的要求；如无氧铜、低锌黄铜等易氧化应采用还原性气氛；紫铜、普通黄铜、锡青铜等均应采用微氧化性气氛加热，为防止产生"氢气病"。

铜及铜合金常用的保护性气体有水蒸气、分解氨、氮气等，保护气体应对处理金属及炉子部件无有害作用，成分及压力稳定，制造方便、经济等。为了防止硫对铜、镍的危害及氧、氢对紫铜产生氧化或氢脆，气氛中的硫、氧、氢含量应严加控制。

①在铜合金带材退火中，通常钟罩炉保护气采用高氢，含氢量在75%，气垫式退火炉保护气采用低氢，含氢量在4%以下。

②氮气与氢气比例通过氨分解装置进行控制。

③一般在相应退火设备中配备有控制氢气、氮气的混合比的装置。在退火过程中，可以连续进行抽样，并通过氢气控制仪和露点分析仪对气氛及露点的变化进行连续分析并连续记录，自动按要求进行补充、调节；

④退火黄铜时可不用保护性气体。

────────────

① 　1 mmbar = 100 Pa

3.2　精整技术

118. 表面处理的工艺要求是什么？

铜及铜合金常用的表面处理是清洗与钝化，清洗包括脱脂、酸洗、清刷等过程，脱脂的主要目的是清除带材表面残留的乳化剂、轧制油等；酸洗主要是清除铜材表面的氧化层；钝化是通过化学试剂在材料表面形成一层致密的保护层，以防止铜带材表面变色。

铜及铜合金带材表面处理过程通常包括上述脱脂、酸洗、清刷、钝化等工艺过程。

①铜及铜合金带材经冷加工后一般需要进行脱脂处理，以清除表面油脂等残留物，防止因油脂残留造成退火后表面黑斑等缺陷，常见的脱脂剂均为复合试剂。

②铜及铜合金带材经氧化性气氛退火后，由于其表面形成了一层氧化物薄膜，一般呈深色或黑色，需要通过酸洗工序（再加上冷热水洗和干燥）清除铜带材表面氧化物，残留会造成后续轧制氧化物的压入。常用硫酸与水的混合溶液，需要注意的是白铜酸洗需要使用硝酸水溶液。

③铜及铜合金成品薄带材，一般需要经过清刷工序（不仅仅是清刷，仍附带有冷热水洗、脱脂等工艺），利用机械工具刷洗带材表面。

④带材成品退火时一般需要进行钝化处理，在带材表面形成一层钝化膜，保护带材，防止带材氧化变色，目前效果最高，使用最广泛的钝化剂是苯丙三氮唑（简称 BTA）。

119. 清洗剂（酸液）的使用要求是什么？

一般情况下，铜材的酸洗普遍采用稀硫酸，浓度为 5% ~ 15%，温度为 30 ~ 60℃，通过式酸洗的时间从 10 ~ 60 s 不等。具体的酸洗工艺参数根据材质、厚度、氧化程度及酸洗效果等情况作相应的调整。黄铜的酸液浓度较低，而青铜、纯铜等就要高一些。

在酸洗过程中,酸的浓度会不断下降,酸中铜离子的浓度会不断上升而导致酸洗效果的下降。当酸液中硫酸含量小于 $50 \sim 100$ g/mL,含铜量大于 $8 \sim 12$ g/mL 时,应及时换酸或补充新酸液。更换酸液时,必须注意应先放水,后加入浓酸;补充酸液时,应小心缓倒,防止酸液灼伤人体皮肤。

酸洗时间要根据铜材表面氧化程度和酸液浓度而定,不能太长,否则会使铜材基体受酸侵蚀而产生表面麻点。在非通过式酸洗时,不要将铜材静止地浸泡在酸液中,而要不停地晃动,以便使酸洗均匀。酸洗白铜等氧化皮较致密的铜合金时可在硫酸溶液中加入一些强氧化剂如硝酸、双氧水等。如加入 $1\% \sim 3\%$ 的硝酸,可以改善酸洗效果。

120. 铜合金带材为什么要钝化? 钝化剂的使用要求是什么?

铜及铜合金的耐腐蚀性能主要是由于材料腐蚀电位较高及表面能形成保护性膜。通常情况下,在大气环境中生成的铜表面氧化膜的保护性取决于温度、湿度及环境中所含的污染物。总体上,铜及铜合金自然生成的氧化膜的保护能力不强,暴露在大气中的铜材表面会随着时间的推移而逐渐变色。防止铜材表面变色的对策,是用钝化的方式来处理表面。

铬酸盐钝化处理防止变色效果很好,但是基于 6 价铬酸盐的毒性和环保处理的困难,被严格限制使用。实际生产中,苯丙三氮唑(简称 BTA)是使用最广泛的钝化剂。现场配置钝化剂时,一般 BTA 浓度控制在 $0.2\% \sim 0.5\%$,温度为 $60 \sim 85℃$,另外在配置钝化液时,必须使用去离子水,否则水中的钙镁离子与其反应结晶,影响钝化效果。在钝化过程中要定期对钝化液中金属离子浓度、钝化剂浓度进行监控,使其保持稳定,防止因金属离子浓度过高而影响钝化效果。当离子浓度超过 300 μS(西门子)时,应考虑更换新的钝化液。

121. BTA 的性质是怎样的? 其钝化机理是什么?

(1) BTA 的性质

BTA 的分子式为 $C_6H_5N_3$(分子式结构见图 3-1),分子量 119.1,

熔点 97.09℃，耐热分解温度为
500℃。其外观通常为白色至微黄色
针状晶体，纯度一般大于 97%。BTA
在蒸馏水中的溶解度见表 3 - 4。
BTA 是一种微酸性物质，当其在水中
溶液中的含量增加时，pH 会下降导
电率会增高，并与水质有关。

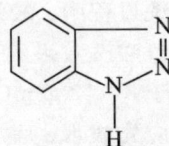

图 3 - 1   BTA 的分子式结构

表 3 - 4   BTA 在蒸馏水中的溶解度

温度/℃	10	20	30	40	50	60	70	80	90	100
溶解度/$(g \cdot L^{-1})$	1.2	1.6	2.4	4.0	6.0	7.0	9.4	12.8	18.0	20.0

（2）BTA 的钝化机理

BTA 与来自铜材表面氧化膜或基底层的 Cu^+ 离子反应，在表面
形成聚合状的 Cu - BTA（分子式为：$C_6H_4N_3Cu$）配合物，如图 3 - 2 所
示，并构成 $Cu/Cu_2O/Cu$ BTA 多层膜结构，从而起到保护铜材基体的
作用。

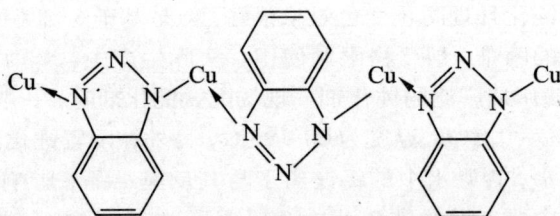

图 3 - 2   Cu - BTA 络合物示意图

由于 BTA 与铜作用形成了 $C_6H_4N_3Cu$ 抗氧化薄膜，在铜材表面的
最外层保护着铜材表面，其厚度可达 5 nm，热稳定性小于 300℃，熔
点低于 100℃，在 pH 为 3 ~ 12 溶液中表现稳定。

122. 带材清洗机列的结构有什么特点?

清洗机列的构成取决于产品及工艺对清洗的具体要求,一般铜合金清洗机列由以下 8 部分组成。

①带卷进料、出料系统。一般由储料台、小车等组成,可储存 1~3 卷带材。

②开卷、卷取系统。主要用于带卷的展开和卷取,一般生产过程中采用小张力控制,卷取系统配有自动边部对齐功能,保证清洗后带卷齐整。

③缝合机。将前后两个带卷进行连接,保证生产的连续性,常见的主要为机械式缝合,除此之外还有电焊缝合和氩弧焊缝合。

④脱脂清洗系统。由脱脂喷淋、洗刷箱、脱脂液槽、冷热水清洗室、挤干辊等部分组成。

⑤酸洗系统。常见结构分上下两层,下层储酸,上层进行酸洗,必要时可采用其他强酸或者通过蒸汽、电加热等方式提高酸洗温度,从而保证酸洗质量。

⑥刷洗。箱内安装有高速旋转的研磨辊。刷辊常见材质由尼龙滚筒刷、不锈钢丝刷等,需要根据不同产品要求,配置不同刷辊,保证清洗后带材的表面粗糙度和表面质量。

⑦钝化系统。采用喷淋或浸入方式,使钝化剂与带材进行反应,在铜合金带材表面形成钝化膜,达到防变色的目的。

⑧烘干室。采用加热后的热风对带材进行烘干,温度约为 80℃,为保证带材足够的干燥,还需要通过橡胶辊对带材表面进行挤干。

清洗机列最大的特点是将脱脂、酸洗、清洗、钝化等合成一体,大幅度提高了带材的生产效率。

123. 带材清洗机列的操作要点是什么?

带材清洗机列的操作,其主要工艺需要根据不同产品及其表面状况进行调整,主要有以下几个方面:①清洗速度需要根据产品牌号、板型质量、表面状况来确定,最终保证表面清洁、机列运行过程中不断带。②根据带材规格及清洗效果确定是否需要采用刷子进行刷洗。③严格按照工艺参数控制钝化液浓度、清洗温度以及冷热水洗工艺。④及时对清洗介质进行补充。⑤根据合金牌号和规格，确定合适的张力大小。⑥带材缝合部位通过刷洗辊时必须抬起，防止损坏刷洗辊，对于厚度小于 0.5 mm 的带材，必须上套筒。⑦防止热料清洗。

124. 铜板带精整矫直有什么方法？各有什么特点？

（1）板带材矫直的方法

板带材矫直技术可分 3 种方式：辊式矫直、张力矫直和拉伸弯曲矫直。分别见图 3 - 3 ~ 图 3 - 5。

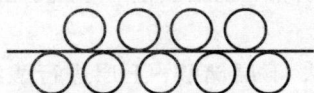

图 3 - 3　辊式矫直

图 3 - 4　张力矫直

①辊式矫直。辊式矫直是通过工作辊对轧件（板带材）施加作用力，使其经过反复多次弯曲后，产生弹塑性变形，在消除轧件原始

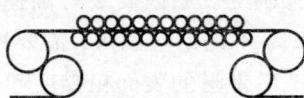

图 3 - 5　拉弯矫直

曲率不均匀性的同时将轧件矫平。这种方法采用多辊式弯曲矫直机，产品精度（平直度）相对要求不高，主要用于铜带坯铣面机组、轧制后成品板带材的精整和横剪机列板带材定尺剪切前的矫直工序。

②张力矫直。张力矫直也称拉伸矫直，是通过前、后两个张力辊组对带材施加单纯的拉力使带材伸长，使整个断面上应力达到或超过材料的屈服极限 σ_s，使之产生弹塑性变形，去除拉力后，弹缩量相等或接近相等，则轧件变为平直或曲率得到减小，从而得到一定程度的矫平。

张力矫平后，带材内部的残余应力将会增大，带材剪切和冲制时，容易发生扭曲或翘曲变形，造成大量的废品。因此这种技术在铝加工行业应用较多,在铜加工行业中很少采用。

③拉伸弯曲矫直。如要实现轧制或退火后带材的三元形状缺陷(如边浪、肋浪、中间瓢曲等)矫直,就必须使带材产生塑性延伸,而拉伸弯曲矫直技术可以有效地解决以上存在的问题。该方法是采用多辊弯曲矫直单元与前、后张力辊组联合工作的拉伸弯曲矫直机组,主要用于对板型精度要求较高、带材厚度较薄产品进行矫直,尤其是对高精度引线框架材料,更是必不可少的精整设备。

拉伸弯曲矫直机组由开卷机、S辊、多辊矫直单元、卷取机和电控、液压等设备组成,见图3-6。

矫直单元

开卷   S辊   S辊   卷取

图3-6 设备组成简图

我国引进的第一套拉弯矫直机组的主要技术参数如下:被矫材料的屈服强度120~600 MPa,延伸率3%~50%,厚度范围0.08~1.0 mm,最大宽度620 mm,最大卷重4500 kg,机列速度最大200 m/min。

(2)矫直的特点

拉弯矫直与辊式矫直和张力矫直相比,拉弯矫直是辊式矫直和张力矫直的组合,其具体区别见表3-5。

表3-5 拉伸弯曲矫直、辊式矫直与张力矫直的区别

矫直方法	原理	应用范围	优缺点
拉弯矫直	将辊式矫直与张力矫直结合,通过S辊以及矫直辊综合运用,达到提升板型的目的	一般用于带材厚度在0.05~1.0 mm薄带材的矫直	矫直精度高,可达到3I,如在配备板型仪,其精度可达1I

续表 3 – 5

矫直方法	原理	应用范围	优缺点
辊式矫直	通过工作辊对板带材施加上下方向反作用力，经反复弯曲后产生弯曲变形，从而达到矫直目的	矫直带材厚度在0.2 ~ 20 mm 之间，宽度在330 ~ 3200 mm 之间，一般用于厚板的矫直	矫直精度较差，无法消除如边浪等缺陷
张力矫直	通过前后张力辊对板带材施加单纯拉力，使带材产生轻微的变形，一般在1% ~3% 之间，从而达到矫直目的	用于一般用途的板带材矫直，在铝加工应用较多，铜加工行业应用较少	对于质量要求很高的冲压产品，由于拉伸附加内应力影响，无法满足产品要求

125. 辊式矫直机的主要技术参数是怎样的？
　其操作要点是什么？

（1）主要技术参数

常用的辊式矫直机有 9 辊、11 辊、17 辊和 19 辊，其技术性能见表 3 – 6。设备一般由辊系、机架及辊缝调节装置、传动系统组成。辊系由上下错开排列的工作辊和支承辊组成。宽幅不大的矫直机的支承辊与工作辊等长。而宽幅矫直机通常用 2 ~3 个短支承棍支承一个工作辊，而且其压下分别可调，这就大大改善了支撑效果。

表 3 – 6　辊式铜板带材矫直机主要参数

辊数	辊径/mm	辊距/mm	辊身有效长度/mm	板带材厚度/mm	矫直速度/(m·min^{-1})	主电机功率/kW
9	190	200	1200	8.0 ~16	10 ~15	60
9	190	200	1200	12 ~20	5 ~8.3	29
11	120	130	3400	3.0 ~12	0.7	55
11	90	100	1200	2.0 ~3.0	10	
17	60		1200	0.5 ~2.0	10	
17	60		1200	0.2 ~2.5	45 ~90	
19	45	90	1370	0.5 ~3.0	30 ~80	73.5

（2）操作要点

板带辊式矫直，其核心是矫直辊的调节，因此进行辊式矫直时，需要注意以下几点。①严格按照被矫带材厚度，根据工艺要求调整矫直机入口、出口间隙，入口处间隙应小于或等于带材厚度，出口处间隙应大于等于带材厚度。②带材表面不应有金属、非金属脏物以及油污等。③注意矫直辊的维护及保养，要定期进行检查，防止矫直辊表面脏物、缺陷等对带材表面的损伤。④板带材进入矫直机时，需对准中心线。⑤经常检查矫后带材表面质量，有划伤、压痕等缺陷时，及时对矫直辊进行处理。

126. 拉弯矫直工艺参数怎样确定？常见问题如何解决？

（1）工艺参数的确定

拉弯矫直工艺参数，主要与带材材质、来料板型情况有关，控制参数有带材张力、弯曲辊直径与带材厚度的比值、带材包角、压下量等。主要确定原则有：①根据不同材料的屈服强度确定变形量及前后张力。②根据不同板型，确定采用纯拉伸或者拉伸加弯曲组合模式进行矫直。③根据具体材料来确定拉弯矫直变形量，变形量过大，影响产品的力学性能以及其他指标，过小则无法改善板型。一般常用的拉弯矫直变形量选在 1% ~3% 之间。

（2）常见问题

根据拉弯矫直机组的特点，其常见问题由以下几个方面：①带材厚度、内应力分布以及矫直开始、结束阶段延伸率的变化，造成了张力的波动以及打滑的出现，因此需要对延伸率进行精确控制，保证来料的公差，确保各工段的张力基本恒定。②矫直屈服极限和强度极限很接近的材料时易发生断带现象或板型改善不明显，严重影响生产效率，甚至造成设备事故，因此应选择合理的张力和矫直变形量。

127. 剪板机有哪些类型？各有什么特点？

（1）平刃剪

根据剪切方式，平刃剪可分为上切式剪切机、下切式剪切机。

①上切式剪切机。上切式剪切机，其下剪刃固定不动，上剪刃上下运动进行剪切。通常是曲柄连杆式结构，其特点是结构和运动较为简单，但被剪切轧件易弯曲，剪切断面不垂直。

②下切式剪切机。下切式剪切机多用于剪切断面厚度较大的产品。剪切过程的特点是：剪切开始，上剪刃首先下降，当压板压住材料并达到预定的压力后，即行停止，其后下剪刃上升进行剪切。剪切后，下剪刃首先下降回到原来位置，接着上剪刃上升恢复原位。

平刃剪切机按照机架的形式还可分为闭式剪切机，开式剪切机。

①闭式剪切机机架位于剪刃的两侧，通常做成门形，刚性好，剪切断面大。但是操作人员不易观察剪切情况，不便于设备维修和事故处理。

②开式剪切机机架位于剪刃的一侧，机架通常做成悬臂式的，刚性较差，剪切断面小，但是便于检修维护和事故处理。

（2）斜刃剪切机

两个剪刃成一角度，一般为 $1° \sim 12°$ 之间，常用的小于 $6°$。通常上剪刃是倾斜的，下剪刃是水平的。由于剪刃倾斜，剪切时剪刃只接触轧件的一部分，因此，剪切力比剪刃平放时小。但剪刃的行程加大了，同时产生了侧向推力。

斜刃剪也有开式和闭式之分。开式斜刃剪一般为上切式，而闭式斜刃剪又有上切式和下切式之分。上切式剪切机上剪刃具有一定倾斜角度，而且是活动的，下剪刃是固定的，多布置于车间内单独使用，主要用于单张板材的切边、切头、切尾等。闭式斜刃下切剪切机应用广泛，其上剪刃是固定的，并有一定倾斜角度，下剪刃是活动的，剪切时板材能够正常地压在上刃台上，因此能够保证剪切面对板材中心线及表面的垂直度。闭式斜刃下切剪切机的传动机构和动力结构等在剪切线以下，比较安全，但由于把压板系统放在辊道下面，导致了结构的复杂化。

板材带式法生产中，剪切生产线已经机列化，称为横剪机列，主要由开卷机、直头机、切头剪、圆盘剪边机、碎边机（或绕边机）、活套、飞剪、垛板台、运输机等组成。速度快、自动化程度高。

128. 板材横剪设备有什么特点? 其典型的设备参数是怎样的?

　　块式法生产板材时,一般采用下切剪。剪切时要调整好剪刃间隙,推荐的调整范围见表 3 - 7。为防止切成菱形,要调整好侧导卫和压板压力。

表 3 - 7　剪刃间隙调整范围

板材厚度/mm	剪刃间隙调整范围/mm
0.5 ~ 1.0	0.025 ~ 0.050
1.0 ~ 2.5	0.075
2.5 ~ 3.0	0.125 ~ 0.150

　　卷式法生产板材时一般用横剪机列。横剪机组用于将成卷的带材按要求宽度切边、矫平后,按定尺要求切成一定长度的板材。较先进的横剪机组设有质量分选装置,可实现在线包装,直接完成从剪切到包装入库的过程,生产效率高、剪切质量稳定。横剪机组应保证板材的外形尺寸精度,避免表面机械擦伤。由于要进行质量检查分选、板材堆垛,一般剪切速度不高。

　　一台典型的横剪设备参数如下:①卷材内径:$\phi450 \sim 550$ mm;卷材最大外径:$\phi1250$ mm;卷材厚度:$0.5 \sim 3.0$ mm;卷材宽度:$300 \sim 1070$ mm;最大卷重:7.5 t;最大剪切速度:80 m/min。②三辊矫直机辊径:$\phi150$ mm;切边圆盘剪剪刃尺寸:$\phi280 \times 10$ mm。③十九辊矫直机:工作辊 $\phi45 \times 1370$ mm、中间辊 $\phi45 \times 1370$ mm、支承辊 $\phi89$ mm。④高速机械剪下剪速度:0.2 s 循环一个行程。⑤板叠高度:650 mm(包括料盘);板叠长度:$2000 \sim 3000$ mm;板叠宽度:$300 \sim 1000$ mm;垛板机承受最大重量:15 t。

129. 纵剪机列有哪几种形式?

　　(1)单入口活套纵剪
　　这种类型的纵剪在剪床前设置活套。将带材送入活套方式有中央驱动开卷、拉紧开卷、浮动辊控制开卷法等形式。该种方式可以实现微张力或零张力剪切，避免剪刀出现打滑现象；同时开卷机可以不要对中装置，用活套实现带材对中。

（2）单出口活套纵剪

这种类型的纵剪在剪床后设置活套，剪切后的带材由剪切机推入位于剪切机和张紧装置之间的无张力活套中。对于薄带，为保证剪切时带卷开卷稳定，可能需要一个入口边部导向系统。该种方式可以有效避免厚度差带来的各条带材卷取不同步问题，通过控制卷取张力实现带卷的卷取；由于设置出口活套，带材可以自由流出剪刃，避免在张力状态下带材对剪刃的磨损，影响剪刃的寿命；同时由于出口无张力，避免了带材缩颈现象。目前单出口活套使用较多。

（3）双活套纵剪

双活套纵剪切综合了入口活套纵剪和出口活套纵剪两种形式。带材在离开卷取机之后进入剪切机之前，由开卷机或一个夹送辊装置或拉紧装置送入一个自由活套，被剪切后的带材离开剪床后被送入另一个活套，然后再进入张紧装置。因而，这种纵剪方式被称作"双活套"纵剪。采用这种形式纵剪，纵剪机仅用于剖分带材，因而也就消除了带材在剪刃刀口打滑的可能性。该种方式集中了单入口活套和单出口活套的特点，适合薄软带材的剪切。

130. 纵剪机列张紧装置有哪些分类？各有什么特点？

对于现代较常用出口活套纵剪，要有效地完成剪切操作需要一个张紧装置，没有这个装置，卷取机就无法克服反向作用力而产生卷取张力。现行有几种形式的张紧装置可选用，每一种形式都有其优点，但任一种形式都无法满足剪切所有状态材料的要求，需要根据生产情况合理选择。

（1）压板式张紧装置

最初的压板式张紧装置由两个表面包有毛毡的压板组成。现场实际生产中将其中的一块板（一般是下压板）更换成可膨胀的气囊或水龙带，从而在整个板的长度方向上产生相对较为均匀的压力，并可适应带材形状的变化。这个压力可以由一气压计记录，以便于实现对压板压力的量化设定。

除了毛毡外，压板外包覆的介质还可采用片状的织布、地毯、皮革等。应确保所选用的张紧装置可以快速更换压板包覆介质，以保证卷取张力的恒定性，同时避免积存的污物污染带材。另外，现场生产中一般还在压板包覆介质的表面上覆上纸巾、无纺布等，在每卷带材运行完后及时更换新的纸巾，将旧的纸巾丢弃，减少压板材料的更换次数。

（2）夹送辊式张紧装置

典型的夹送辊张紧装置由两个包覆辊所组成，其表面可能刻有花纹（小的方格），这些辊子与单独的制动器或直流电机相连，对带材产生张力。辊子表面随着带材转动，因而消除了划伤带材的可能性。

由于这种张紧方式是采用一个夹紧装置，如果辊子的表面有缺陷，夹紧力就有可能会损坏薄带和软材料。因而要始终保持辊子表面光滑、清洁，并要能有效控制和设定辊子夹紧力。

（3）"S"辊式张紧装置

装置有两个或更多辊子的"S"辊式张紧装置中的辊子成为张力控制器。摩擦系数和辊子包角可以决定需要多少辊子才可产生预定的张力。对大多数纵剪机而言，通常需要 2～3 个辊子就足够了。为了提高效率和进行正确的力矩分配，每个辊子应配有单独的电机或制动器，这种设计既可产生高的张力又不损坏带材。但"S"辊式张紧装置不具备适应厚度变化要求功能，厚度变化可产生不同的卷取直径，偶尔还会形成松卷。

131. 飞剪的结构是怎样的？有什么要求？

（1）飞剪的结构

1）飞剪本体。一般包括以下几种机构：①能够独立完成剪切动作的剪切机构；②改变飞剪剪切定尺长度的调长机构，其中一般包括调速装置、匀速机构和空切机构；③根据所剪切轧件的规格，调整飞剪两个剪刃之间间隙的机构。

2）夹送系统。使轧件按照工艺要求的运动速度通过飞剪的系统，常用的夹送系统有夹送辊、夹送矫直机和辊道等。

3）传动系统。一般包括飞剪本体和夹送系统的传动装置。

4）控制系统。控制定尺飞剪剪切长度精度、飞剪启动及制动位置等方面的电气或电气－液压控制系统。

上述各机构，尤其是调长机构中的各环节，并非每台飞剪都必须同时具备，而是根据工艺要求，结合具体情况，选择其中某些机构组成飞剪。在满足工艺要求的基础上，飞剪的机构要力求简单适用。

（2）飞剪应满足的要求

飞剪是在材料运动中进行的同步剪切，飞剪机在横切时应能保证良好的剪切质量，定尺准确、切面整齐和较宽的定尺调节范围，同时还要有一定的剪切速度。飞剪的结构和性能在剪切过程中必须满足下述要求：①剪刃的水平速度应该等于或稍大于带材运行速度。②两个剪刃应具有最佳的剪刃间隙。③剪切过程中，剪刃最好做平面平移运动，即剪刃垂直于带材的表面。④飞剪要按一定工作制度工作，以保证定尺长度。⑤飞剪的运动构件，其加速度和重量应力求最小，以减小惯性力和动负荷。

132. 如何调整剪刃？剪切的技术要点有哪些？

（1）调整剪刃

纵剪剪刃的调整主要是剪刃的间隙和重叠量两个参数。根据合金材料及厚度选择。一般剪刃的间隙是板带厚度的 $0.04 \sim 0.12$ 倍，其重叠量可以在 $0 \sim 4.0$ mm 之间，需根据不同产品确定。推荐的剪刃调整范围见表 3-8。几种圆盘剪剪刃调整实例见表 3-9。

（2）剪切技术要点

剪切技术要点主要有：①在单体剪床上剪切时要调整好侧边导板和前压板的压力，防止板材摆动错位而切成菱形。②控制圆盘剪刃瓢曲、剪轴窜动、剪刃环片厚度不一致等可能造成间隙过大的因素，避免剪切毛刺和翻边。③防止剪刃间隙过小、橡胶环外径偏小或太软会造成边部碎浪。④避免产生剪切镰刀弯。

表 3 – 8　剪刃调整范围

	厚度/mm	间隙/mm	重叠量/mm
带材	0.10 ~ 0.25	0.010 ~ 0.020	0.4 ~ 0.8
	0.25 ~ 0.50	0.015 ~ 0.030	0.8 ~ 1.0
	0.50 ~ 0.80	0.030 ~ 0.080	1.0 ~ 1.5
	0.80 ~ 100	0.055 ~ 0.100	1.2 ~ 1.8
	1.00 ~ 2.50	0.060 ~ 0.150	1.2 ~ 2.0
板材	4.0 ~ 14.0	0.3	0 ~ 4.0
	15.0 ~ 40.0	0.3	0 ~ 10.0

表 3 – 9　几种圆盘剪剪刃调节值

A			B			C		
厚度/mm	间隙/mm	重叠量/mm	厚度/mm	间隙/mm	重叠量/mm	厚度/mm	间隙/mm	重叠量/mm
0.5 ~ 1.0	0.04 ~ 0.10	1.0 ~ 1.8	0.10 ~ 0.25	0.010 ~ 0.020	0.4 ~ 0.8	0.12 ~ 0.25	0.010 ~ 0.020	0.4 ~ 0.8
1.0 ~ 2.5	0.06 ~ 0.15	1.2 ~ 2.0	0.25 ~ 0.50	0.015 ~ 0.030	0.8 ~ 1.0	0.25 ~ 0.50	0.015 ~ 0.030	0.8 ~ 1.10
			0.50 ~ 0.80	0.030 ~ 0.080	1.0 ~ 1.5	0.50 ~ 0.80	0.030 ~ 0.080	1.0 ~ 1.5
						0.80 ~ 1.20	0.040 ~ 0.100	1.0 ~ 1.8
						1.20 ~ 2.00	0.060 ~ 0.150	1.2 ~ 2.0

第4章 铜合金板带典型产品 技术要求及生产工艺

4.1 铜板带典型产品技术要求

133.铜合金板带材的供货状态有哪些?

铜合金板带材供货状态主要是根据不同的轧制变形量或退火制度来规定。针对某一牌号合金,通过采取不同的轧制制度和退火制度,获得不同的产品质量和性能,定义为不同的合金状态,以满足用户需求。表4-1为铜合金板带材常用供货状态对照表。

表4-1 铜合金板带材常用供货状态对照表

状态符号			状态名称
中国	美国	日本	
R	M	/	热轧
M	O	O	软
TM	O70	/	特软
Y4	H01	1/4H	1/4 硬
Y3	/	/	1/3 硬
Y2	H02	1/2H	1/2 硬
Y1	H03	/	3/4 硬
Y	H04	H	硬
T	H06	EH	特硬
TY	H08	SH	弹硬
CT	H10	/	超弹硬
C	HT	/	淬火
CY	TM	/	冷作硬化

134. 铜合金板带材新产品有哪些?

　　"十一五"期间,在国民经济和科技发展的推动下,特别是为满足电子、通讯、交通、宇航、能源等行业对铜板带新产品的需求,中国铜合金板带材的研究取得重大进展,产业化进程迅速提高,出现了一大批具有重要社会效益和经济效益铜板带新产品。

　　(1)铜合金引线框架铜带

　　集成电路是电子工业发展的核心,85%的集成电路引线框架由高精度铜合金带材制造。它要求带材具有高强度、高导电、高导热、高尺寸精度以及优良的板形。铜铁磷系合金引线框架材料基本实现产业化,国内自给率已达80%以上。图4-1为引线框架铜带及其冲制件。

图4-1　引线框架铜带及冲制件

　　(2)高性能接插件带材

　　接插件用铜及铜合金具有广阔的发展前景。为提高接插器件性能,高锡青铜、高锌白铜已被开发出来,其市场份额不断扩大;为提高产品性能和成品率,通过在结晶器内进行电磁搅拌,改善了水平连铸带坯表面质量,减少了化学成分偏析。图4-2为汽车接插件。

图4-2　汽车接插件

（3）高铁接触网用铜材

高速铁路正在以跨越式发展，预计在 2020 年前国家的高速铁路将建完约 16000 km。而电气化铁路接触网零部件中大部分不仅要承受机械负荷、耐大气腐蚀，还要有优良的导电性能，因此大部分采用铜及铜合金材料制品。其中主要的铜合金板带材品种为铜合金定位线夹、吊悬线夹、中心锚结线夹及电连接线夹等（图4－3），目前已经实现国产化。

图4－3　高铁接触网用铜合金线夹

（4）汽车水箱带

为适应汽车散热水箱带小型化、轻型化、长寿命、高散热的发展趋势，汽车水箱带已由高铜向低铜发展，厚度向超薄方向发展，水箱带材料的重要进步有：高铜 H90 合金已经逐步为低铜 H65 替代，加入微量元素的紫铜带材抗软化温度已达 250℃，是制造超薄波浪散热带的主要材

图4－4　采用铜带制作的汽车水箱零件

料，带坯厚度不断减薄，目前 0.035 ~ 0.05 mm 带材已经产业化。图4－4为采用铜带制作的汽车水箱零件。

（5）无氧铜电缆带

无氧铜电缆带氧含量基本上控制在 0.001% 以下，部分能达到

0.0005%，解决了氧含量超标以及氧的分布不均等质量问题；并开发出了潜流式无氧铜带坯水平连铸技术，经高精冷轧生产无氧铜带；国产电缆带长度从 3000 m 提高到 15000 m。图 4 - 5 为同轴电缆及其铜带。

图 4 - 5　同轴电缆及其铜带

（6）装饰用铜带

根据国家绿色环保、循环经济等政策的要求，建筑行业和装潢设计行业正在大力推广使用铜材，国内已经实现了屋面板、铜门带的产业化。图 4 - 6 为采用铜幕墙的上海世博会中国铁道馆。

（7）铸钢结晶器和高炉壁板

图 4 - 6　采用铜幕墙的上海世博会中国铁道馆

在钢铁冶金中，连续铸钢结晶器、高炉的水冷炉壁、风口等部件普遍选用高强度高导热铜合金，其中板式结晶器、高炉壁板使用热轧铜板。所有这些用途均要求铜合金具有高强、高抗软化性能。常用的铜合金有银铜、磷铜和铬锆铜等。图 4 - 7 为高炉铜合金冷却壁板和银铜板坯结晶器。

图4-7　铜冷却壁和板坯结晶器银铜板

135. 射频电缆带的主要技术要求是什么?

射频电缆带主要是指经过焊接成形、用于同轴射频电缆内外导体的带材焊接管。要求具有较高的导电、导热性、优良的弯曲成形及焊接性能,多采用无氧铜或低磷脱氧铜。

(1)合金牌号

射频电缆带常用的合金牌号有 TU1、TU2 以及 C10100、C10200。一些低端产品也使用 T2、TP1、C12000 等

(2)性能要求

射频电缆带一般要求:室温导电率≥98% IACS,抗拉强度 200 ~ 275 MPa,屈服强度 65 ~ 105 MPa,延伸率 $A_{11.3}$≥30%,维氏硬度(HV)为 45 ~ 70,状态为 M 或 Y/8。晶粒度一般为 0.015 ~ 0.035 mm。

(3)尺寸偏差

射频电缆带厚度允许偏差一般为 ±0.008 ~ ±0.020 mm,宽度允许偏差一般为 ±0.10 ~ ±0.20 mm。

(4)其他要求

①带材的侧边弯曲度不超过 1.5 mm/m;边部毛刺不大于0.03 mm。

②带材长度一般大于 5000 m。

③带材表面应光滑、清洁,无油污、起皮、擦伤、划伤、表面氧

化，剪切端面不应有氧化变色。

136. 变压器用铜带的主要技术要求是什么?

变压器用铜带主要用于干式变压器的绕组，可按绕组承压差异分为高压带和低压带。国内常用牌号 TU1、T2，常以软态(M)供货。主要技术要求如下。

(1)力学性能

变压器带力学性能一般要求抗拉强度≥195 MPa，延伸率≥35%，维氏硬度(HV)45~65，导电率≥98% IACS，状态为 M 态。

(2)规格

规格：(0.1~2.5)mm×(14~1200)mm，其中一般窄薄带用于高压侧，宽带用于低压侧。

(3)边部要求

为防止变压器绕组绝缘层由于毛刺被击穿，对变压器用铜带边部有较高要求。变压器用铜带边部要求见表4-2。

表4-2　变压器用铜带边部处理要求

分类	边部形状	要求
剪切边		边部应切齐，无裂边和卷边。厚度≥0.4 mm 的，边部毛刺应≤0.05 mm；厚度<0.4 mm 的，边部毛刺应≤0.03 mm
圆角		带材边部不应有尖角、粗糙或凸出的边棱
圆边	A	A 点允许为尖角，但不应为粗糙或凸出的边棱

(4)其他要求

①带材侧边弯曲度不大于2 mm/m。

②要求带材板形平直，表面光滑、清洁，无缺陷。

137. 超薄水箱铜带的主要技术要求是什么?

超薄水箱铜带是制造散热器上波浪形散热翅片的重要材料。汽车散热器组装示意图如图4-8;其中:水管、主片、水室盖、侧板由黄铜带制成;波浪形散热翅片由超薄水箱铜带制成。

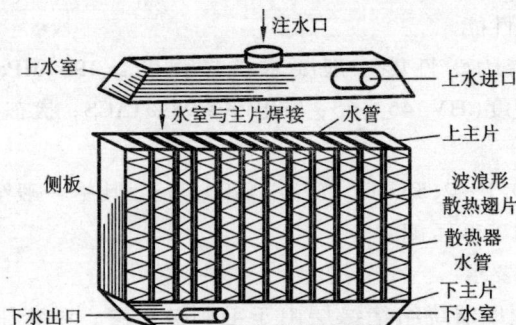

图 4-8 汽车散热器组装示意图

(1)力学性能

该材料因其微合金化的差异,以及产品规格、状态等不同,性能存在一定的差异。一般要求抗拉强度350~450 MPa,维氏硬度(HV)110~150,软化温度≥380℃,导电率≥85% IACS。

(2)规格、尺寸偏差

随着汽车工业的发展,散热器水箱管用铜带产品规格也经历了从厚到薄的变化,目前最薄可以达到0.025 mm,常用规格为0.045 mm。厚度公差要求±0.003 mm,宽度公差±0.05 mm,侧弯为1.5~2 mm/m。

(3)外观质量:表面应光滑、清洁,不应有皱纹(波纹)、裂缝、孔洞、起皮、起刺、气泡、结疤、斑点、水渍、酸渍、油渍;带材两边应切齐,平直无毛刺、缺口、卷裂、裂边、脏物等。

(4)卷重400~1200 kg。

138. 散热器对超薄水箱铜带的性能有哪些要求?

（1）良好的散热性能

波浪形散热翅片是散热器的散热主要部件,因此要求超薄水箱带有良好的导热系数。在生产及使用过程中常用导电率指标替代导热系数的测量,一般要求产品的导电率必须大于或等于80% IACS。

（2）良好的成形性

为改善二次换热表面散热条件,在散热带上开有一系列密集的具有一定角度的百页窗形孔,孔的角度多在24°~36°之间。同时散热带被制成波浪形。其波高的相对大小直接影响散热器的钎焊工艺的实现,波高越一致,钎焊的结果越好,波高的高度差应小于0.05 mm。一般要求超薄水箱带的机械性能为:维氏硬度(HV)110~130;抗拉强度370 MPa左右。同时要求带材厚度、宽度公差均匀、严格,这也是实现良好成形的必要条件。

（3）较高的软化温度

由于波浪形散热器翅片与水管之间锡焊是在电炉中进行焙烧实现的,焙烧温度在320℃(锡的熔点),为保证波浪带不软化、不变形,因此要求超薄水箱带材的软化温度必须大于或等于380℃。

（4）良好的焊接性能

目前国内铜材散热器的焊接是以锡焊为主;而瑞典已经研制了铜硬钎焊的新工艺。无论采用哪种方法进行焊接,超薄水箱铜带的化学成分中都不能含有影响焊接质量的有害元素。因此在紫铜中添加微量元素而构成强化紫铜合金时要限制有害元素的进入。

139. 铜合金引线框架材料按性能如何分类?

（1）低强度、高导电型。导电率要求大于80% IACS,强度在400 MPa左右,是以低锡、低磷、低银或低铁系铜合金。

（2）中强度、中导电型。导电率为60%~79% IACS,强度在400~650 MPa之间,是以含铁、镍、硅、铬等为添加元素的铜合金,属于析出硬化型合金。

(3)中强度、低导电型。导电率为 30% ~ 59% IACS，强度在 400 ~ 600 MPa 之间，如 C19700 等。

(4)高强度、低导电型。导电率为 25% ~ 59% IACS，强度在 600 ~ 750 MPa 之间，如 C70250、KLF 等合金，它们属固溶强化型合金。

(5)超高强度型。它是近几年来工业发达国家新开发的产品，具有较好的成形性及散热性，用于多脚的 OFP、TSOP 等集成电路上，带材厚度小于 0.15 mm、导电率为 36% IACS 左右，强度大于 800 MPa，属于沉淀硬化型合金。

140. 引线框架材料用铜带的主要技术要求是什么?

引线框架材料是集成电路封装的一种结构材料，主要起到支撑芯片载体、连接 IC 外部电路、传输电信号和向外散热等功能，要求具有高导电性和高可靠性。其主要技术要求如下。

(1)化学成分

框架材料目前已有近 80 个合金牌号，按合金组成不同，主要有 Cu – P、Cu – Fe – P、Cu – Ni – Si、Cu – Cr – Zr、Cu – Ni – Sn、Cu – Co – P、Cu – Ni – P 等合金。现国内应用比较广泛、已形成标准的主要是 Cu – P、Cu – Fe – P 和 Cu – Ni – Si 合金。

(2)力学性能

QFe0.1、QFe2.5 带材力学性能见表 4 – 3。

表 4 – 3　QFe0.1、QFe2.5 带材力学性能

牌号	状态	抗拉强度 R_m/MPa	伸长率 $A_{11.3}$/%	维氏硬度(HV)
QFe0.1	M	280 ~ 350	≥30	≤90
	Y4	300 ~ 360	≥20	90 ~ 115
	Y2	320 ~ 400	≥10	100 ~ 125
	Y	≥390	≥5	115 ~ 135
	T	≥430	≥2	≥130

续表4-3

牌号	状态	抗拉强度 R_m/MPa	伸长率 $A_{11.3}$/%	维氏硬度（HV）
QFe2.5	M	300~380	≥20	90~110
	Y4	320~400	≥15	100~120
	Y2	365~430	≥6	115~140
	Y	410~490	≥5	125~145
	T	450~500	≥3	135~150
	TY	480~530	≥2	140~155
	CT	500~550	≥2	≥145
C70250	EH	621~759	≥10	180~220

（3）尺寸允许偏差

带材的厚度允许偏差为 ±0.005 ~ ±0.030 mm、宽度允许偏差为 ±0.05 ~ ±0.30 mm。

（4）其他要求

①表面质量：铜带表面应光洁，无划伤、擦伤、起皮、夹杂、分层、锈蚀等任何影响下道工序使用的表面缺陷。

②残余应力：经冲压或蚀刻后无材料残余应力释放引起的翘曲或扭曲。

③冲压性能：要求保证模具一次研磨后的冲裁次数，且冲制断面基本无毛刺。

④电镀密着性：针对不同的镀层，经高温（如400℃×3 min）加热试验，不产生起泡现象。

⑤耐氧化和耐腐蚀性：氧化膜在250℃时不剥离；材料对应力腐蚀不敏感。

⑥焊接性：材料应与焊料有良好的浸润性，钎焊后具有耐剥离性。

141. 微电机整流子用铜带的主要技术要求是什么？

①合金牌号：C10500

②化学成分：$w(Cu+Ag)\geqslant 99.96\%$，$w(Ag)=0.027\%\sim$
0.042%，$w(O)\leqslant 0.002\%$。

③产品状态：3/4H

④产品规格：厚度 $0.4\sim 3.0$ mm，厚度允许偏差 $\pm 0.01\sim$
± 0.03 mm，宽度 $24.0\sim 600$ mm。

⑤性能要求：导电率$\geqslant 98\%$ IACS，维氏硬度（HV）为 $95\sim 115$。

⑥材料要求无内应力。

142. 锡磷青铜带的主要技术要求是什么？

锡磷青铜作为弹性材料，具有高的强度、优良的耐蚀性、耐磨性、抗磁性和冷加工性能，被广泛地应用于各类接插件、连接器、继电器和弹簧等。主要技术要求如下：

（1）化学成分

加工铜及铜合金国家标准中锡磷青铜共有 6 个牌号，其中用于板带材的主要有 QSn4 – 0.3、QSn6.5 – 0.1、QSn6.5 – 0.4 和 QSn7 – 0.2 4 个牌号。

（2）力学性能

锡磷青铜板带材的力学性能见表 4 – 4。

表 4 – 4　锡磷青铜板带的力学性能

牌号	品　种	状　态	规格/mm	抗拉强度 R_m/MPa	$A_{11.3}$/%
QSn4 – 0.3	带材	M	0.5~2.0	$\geqslant 294$	$\geqslant 40$
		Y		$539\sim 687$	$\geqslant 3$
		T		$\geqslant 637$	$\geqslant 2$
	板材	M	0.5~12.0	$\geqslant 294$	$\geqslant 40$
		Y		$490\sim 687$	$\geqslant 3$
		T		$\geqslant 637$	$\geqslant 1$
		Y		$490\sim 637$	$\geqslant 2$

续表 4 - 4

牌号	品　种	状　态	规格/mm	抗拉强度 R_m/MPa	$A_{11.3}$/%
QSn6.5 - 0.1	带材	M	0.05 ~ 2.0	≥294	≥40
		Y2		440 ~ 569	≥10
		Y		539 ~ 687	≥8
		T		≥667	≥2
	板材	R	9 ~ 50	≥290	≥38
		M	0.2 ~ 12	≥294	≥40
		Y2		440 ~ 569	≥8
		Y		490 ~ 687	≥5
		T		≥637	≥1
QSn6.5 - 0.4	带材	M	0.05 ~ 2.0	≥294	≥40
		Y		539 ~ 687	≥8
		T		≥667	≥2
	板材	M	0.2 ~ 12.0	≥294	≥40
		Y		490 ~ 687	≥5
		T		≥637	≥1

（3）其他要求

①板带材表面应光滑、清洁。不允许有任何影响使用的缺陷。

②带材的侧边弯曲度应不大于 1 mm/m。

143. H65 黄铜带的主要技术要求是什么?

普通黄铜带具有良好的导电导热性能、适当的强度和塑性以及华丽的色泽,被广泛地应用在电器开关、接插片、五金零件和各种装饰件上,H65 黄铜带是黄铜中比较典型的板带产品。

（1）化学成分

H65 黄铜带的化学成分见表 4 - 5。

表 4 - 5 　黄铜带化学成分要求

名称	Cu	Fe①	Pb	Ni②	Zn	杂质总和
H65 黄铜	63.5 ~ 68.0	≤0.10	≤0.03	≤0.5	余量	≤0.3

注：①抗磁用黄铜的铁含量≤0.03%。②含 Ni 量可计入铜量中。

（2）力学性能

H65 黄铜带的力学性能要求见表 4 - 6。

表 4 - 6 　黄铜带力学性能要求

牌号	状态	厚度/mm	抗拉强度 R_m/MPa	伸长率 A_{10}/%	维氏硬度(HV)
H65	M	0.3 ~ 2.0	≥290	≥40	—
	Y4		325 ~ 410	≥35	75 ~ 125
	Y2		340 ~ 460	≥25	85 ~ 145
	Y		390 ~ 530	≥13	105 ~ 175
	T		≥490	≥4	≥145

注：厚度超出规定范围的带材，其性能由供需双方商定。

（3）表面质量要求

H65 黄铜带的表面质量应符合国家相关标准的规定，并应满足客户的使用要求。

144. 锌白铜带的主要技术要求是什么？

锌白铜是铜 - 镍 - 锌三元合金。作为一种常用的结构白铜，具有良好的耐蚀性，优良的机械性能、压力加工性能和焊接性能。锌白铜广泛用于精密仪器、医疗器械和通信工程等各种零件制造；也可用来制造弹性元件、餐具和其他日用品等。含铅的锌白铜切削性能很好，可用于做钟表和各类仪表的精密零件。白铜不仅是很好的结构材料，还是重要的功能材料。锌白铜可作为电阻材料，热电偶材料和电磁屏蔽材料等。

（1）化学成分

国家标准 GB/T 5231—2001《加工铜及铜合金化学成分和产品形状》中，锌白铜化学成分要求见表 4 - 7。

表 4 - 7　锌白铜带化学成分要求(%)

合金牌号	元素	Ni + Co	Fe	Mn	Pb	Si	P	S	Cu	Zu	杂质总和
BZn18 - 18	最小值	16.5	—	—	—				63.5	余量	—
	最大值	19.5	0.25	0.50	0.05				66.5		—
BZn18 - 26	最小值	16.5	—	—	—				53.5	余量	—
	最大值	19.5	0.25	0.50	0.05				56.5		—
BZn15 - 20	最小值	13.5	—	—	—	—	—	—	62.0	余量	
	最大值	16.5	0.50	0.30	0.02	0.15	0.005	0.01	65.0		0.9
BZn15 - 21 - 1.8	最小值	14.0	—	—	1.50	—			60.0	余量	
	最大值	16.0	0.30	0.50	2.00	0.15			63.0		0.9
BZn15 - 24 - 1.5	最小值	12.5	—	0.05	1.40		—	—	58.0		—
	最大值	15.5	0.25	0.50	1.70		0.02	0.005	60.0	余量	0.75

注：①杂质砷、铋和锑可不分析，但供方必须保证不大于界限值。
②Cu + 所列元素总和≥99.5%。
③BZn15 - 20 中 Mg、Bi、As、Sb 的最大值分别为：0.05%，0.002%，0.010%，0.002%。

（2）锌白铜带的力学性能

国家标准 GB/T 2059—2008《铜及铜合金带材》中，锌白铜板带的力学性能的要求见表 4 - 8。

表 4 - 8　锌白铜板带力学性能的要求

牌　　号	状态	厚度/mm	抗拉强度 Rm/MPa	伸长率 $A_{11.3}$/%
BZn15 - 20	M	≥0.2	≥340	≥35
	Y2		440 ~ 570	≥5
	Y		540 ~ 690	≥1.5
	T		≥640	≥1

145. 不同标准体系中铜合金牌号是如何对应的?

在我国加工铜及铜合金牌号中, T1、H59、HNi56 – 3、HFe58 – 1 –
1、HAl67 – 2.5、HAl66 – 6 – 3 – 2、HAl61 – 4 – 3 – 1、HMn62 – 3 –
3 – 0.7、HMn55 – 3 – 1、H85A、QAl9 – 5 – 1 – 1、QBe0.3 – 1.5、
QSi3.5 – 3 – 1.5、QMn1.5、QMn2、QZr0.4、QCr0.5 – 0.2 – 0.1 共17
个牌号没有相应的国外牌号与之对照。

部分加工铜及铜合金相应牌号的对照见表4 – 9所示。

由于各国使用的加工铜及铜合金类别上基本相近但又不完全一
致, 本对照表主要依据金属主成分或合金元素成分是否相同或相近
而定, 而不苛求各元素的含量完全相同, 因此, 表4 – 9所列的各标
准牌号是近似的对照, 仅供参考。

表4 – 9　部分加工铜及铜合金牌号对照

标准体系	GB	ASTM	ISO	BS	ГОСТ
纯铜	T2	C11000	Cu – FRHC	C101/C102	M1
	T3	—	Cu – FRTP	C104	M2
无氧铜	TU1	C10100	—	C110	M0ъ
	TU2 .	C10200	Cu – OF	C103	M1ъ
磷脱氧铜	TP1	C12000	Cu – DLP		M1р
	TP2	C12200	Cu – DHP	C106	M1ф
银铜	TAg0.1	—	CuAg0.1	—	MC0.1
普通黄铜	H90	C22000	CuZn10	CZ101	Л90
	H70	C26000	CuZn30	CZ106	Л70
	H65	C26800	CuZn35	CZ107	—
	H62	C27400	CuZn40	CZ109	Л60
铅黄铜	HPb62 – 0.8	C35000	CuZn37Pb1	CZ123	—
	HPb62 – 3	C36000	CuZn36Pb3	CZ124	—
	HPb59 – 1	C37710	CuZn39Pb1	CZ129	ЛС59 – 1

续表 4 – 9

标准体系	GB	ASTM	ISO	BS	ГОСТ
铝黄铜	HAl77 – 2	C68700	CuZn20Al2	CZ110	ЛАМ$_{Ⅲ}$77 – 2 – 0.05
锰黄铜	HMn57 – 3 – 1	—	CuZn37Mn3Al2Si	CZ135	ЛМ$_{Ц}$А57 – 3 – 1
锡黄铜	HSn70 – 1	C44300	CuZn28Sn1	CZ111	ЛОМ$_{Ⅲ}$70 – 1 – 0.05
	HSn62 – 1	C46400	CuZn38Sn1	CZ112	ЛО62 – 1
加砷黄铜	H70A	C26130	CuZn30As	CZ105	—
硅黄铜	HSi80 – 3	C69400	—	—	ЛК80 – 3
锡青铜	QSn6.5 – 0.1	C51900	CuSn6	PB103	БрОФ6.5 – 0.15
铝青铜	QAl7	C61000	CuAl7、CuAl8	CA102	БрА7
	QAl9 – 4	C62300	CuAl10Fe3		БрАЖ9 – 4
铍青铜	QBe2	C17200	CuBe2	—	Бр · Б2
	QBe1.7	C17000	CuBe1.7	CB101	Бр · БНТ1.7
	QBe0.6 – 2.5	C17500	CuCo2Be	C112	
硅青铜	QSi3 – 1	C65500	CuSi3Mn1	CS101	БрКМ$_{Ц}$3 – 1
	QSi1 – 3	—	CuNi2Si		БрКН1 – 3
锆青铜	QZr0.2	C15000	—		
铬青铜	QCr0.5	C18400	CuCr1	CC101	БрХ1
	QCr1	C18200	CuCr1	CC101	БрХ1
镉青铜	QCd1	C16200	CuCd1	C108	БрК$_{Д}$1
铁青铜	QFe2.5	C19400	—		
碲青铜	QTe0.5	C14500	CuTe(P)	C109	(CuTeP)
铁白铜	BFe5 – 1.5 – 0.5	C70400	—	CN101	МНЖ5 – 1
	BFe10 – 1 – 1	C70600	CuNi10Fe1Mn	CN102	МНЖМ$_{Ц}$10 – 1 – 1
	BFe30 – 1 – 1	C71500	CuNi30Mn1Fe	CN107	МНЖМ$_{Ц}$30 – 1 – 1
锌白铜	BZn18 – 18	C75200	CuNi18Zn20	NS106	МНЦ18 – 20
	BZn18 – 26	C77000	CuNi18Zn27	NS107	МНЦ18 – 27
	BZn15 – 20	C75400	CuNi15Zn21	NS105	МНЦ15 – 20

4.2 铜板带典型产品生产工艺

146. 怎样制定 H65 黄铜带生产工艺参数?

（1）热轧

①加热温度及时间。由铜－锌相图可见 H65 在 780℃以下为单相的 α 黄铜，超过这个温度时为 $\alpha+\beta$ 两相黄铜。而当温度升高时，H65 铜的塑性会提高，但当温度接近熔点时，由于晶间物质的强度丧失和微量液相的出现，塑性显著降低。同时，在热轧过程中亦要避开中温脆性区，并且要求在热轧终了时，热轧带坯能得到完全再结晶组织（H65 黄铜在 350～450℃时可以进行完全再结晶）。综合上面几点要求，H65 黄铜热轧的加热工艺见表 4－10。

表 4－10   H65 黄铜带热轧加热工艺参数

名称	加热及炉温 /℃	保温及炉温 /℃	开轧温度 /℃	终轧温度 /℃	加热时间 /h
H65	820～870	800～860	780～850	550～650	2.0～2.5

②加热炉内气氛。H65 黄铜加热一般采用微氧化气氛和微负压，因为在这样气氛下加热，铜坯表面能生成一层薄而硬、致密度很高的氧化膜，可以减少锭坯进一步的氧化和脱锌，保证加热锭坯的质量。

③热轧总加工率及道次加工率。H65 黄铜的高温塑性好，变形抗力低，热脆性小，热轧的总加工率一般都选择在 90%～95% 范围内。常用的最大道次加工率及平均道次加工率的范围见表 4－11。

表 4 – 11　H65 铜坯最大道次加工率及道次平均加工率的范围

合金牌号	锭坯宽/mm	最大道次加工率/%	道次平均加工率/%
H65	< 340	40 ~ 50	30 ~ 36
	340 ~ 600	33 ~ 40	27 ~ 32
	> 600	28 ~ 33	22 ~ 27

（2）冷轧

H65 黄铜的冷加工性能良好，一般情况下，H65 黄铜带的总加工率范围见表 4 – 12。冷轧成品的加工率范围见表 4 – 13。

表 4 – 12　H65 黄铜带冷轧的总加工率范围

合金牌号	允许轧制的最大加工率/%	实际采用冷轧总加工率/%	
		单张冷轧	成卷冷轧
H65	85	40 ~ 60	45 ~ 70

表 4 – 13　简单黄铜冷轧成品的加工率范围

合金牌号	单张冷轧时加工率/%				成卷冷轧时加工率/%			
	M	Y2	Y	T	M	Y2	Y	T
H65	18 ~ 25	6 ~ 15	18 ~ 25	≥40	20 ~ 35	6 ~ 15	20 ~ 35	≥45

（3）H65 黄铜带的热处理

H65 黄铜带的热处理比较简单，有软化退火和成品退火。热处理制度的依据是合金的软化曲线（机械性能与退火温度关系曲线）、冷加工率对退火性能的影响曲线、晶粒度和退火温度/冷加工率关系曲线、采用的炉型及炉况。目前一般采用的 H65 铜退火制度见表 4 – 14、表 4 – 15 和表 4 – 16。

表 4 – 14　H65 铜箱式退火炉退火制度

	不同厚度板带的退火温度/℃				保温时间/h
	3.0 ~ 5.0 mm	1.0 ~ 3.0 mm	0.5 ~ 1.0 mm	<0.5 mm	
中间退火	550 ~ 580	530 ~ 560	500 ~ 530	480 ~ 510	3.5 ~ 4.0
成品退火	530 ~ 560	500 ~ 530	480 ~ 500	470 ~ 490	3.0 ~ 3.5

表 4 – 15　H65 铜罩式炉退火制度

	不同厚度板带的退火温度/℃				保温时间/h	出炉温度/℃	保温气氛
	3.0 ~ 5.0 mm	1.0 ~ 3.0 mm	0.5 ~ 1.0 mm	<0.5 mm			
中间退火	530 ~ 560	500 ~ 530	480 ~ 510	460 ~ 490	3.0 ~ 4.0	85 以下	25% H_2 + 75% N_2
成品退火	500 ~ 530	480 ~ 510	460 ~ 490	460 ~ 480	3.0 ~ 4.0	70 以下	

表 4 – 16　H65 黄铜气垫式连续光亮退火炉退火速度(m/min)与厚度(mm)关系

状态	温度/℃	0.50 ~ 0.55	0.56 ~ 0.60	0.61 ~ 0.65	0.66 ~ 0.70	0.71 ~ 0.75	0.76 ~ 0.80	0.81 ~ 0.85	0.86 ~ 0.91	0.92 ~ 0.99
中间退火	700	19	19	16	14	13	11	11	10	10
成品软态1	700	23	21	19	18	17	16	16	15	14
成品软态2	700	15	14	13	11	10	10	9	8	8
成品 Y2	550	23	21	20	19	18	17	16	15	14

注：成品软态 1 指产品用于制作纽扣等；成品软态 2 指硬度要求为 HV60 ~ 80。

147. 超薄水箱铜带的典型工艺流程是怎样的？ 生产工艺参数怎样制定？

（1）典型产品的生产工艺流程

半连续铸锭（140 mm 厚 × 440 mm 宽）→步进炉加热→热轧开坯（13.5 mm 厚）→铣面（12.5 mm 厚）→四辊冷轧机开坯（1.5 mm 厚）→切边及分剪（带坯分剪成 220 mm，230 mm 或 245 mm 宽的窄带卷）→钟罩炉光亮退火→预精轧→光亮退火→成品轧制→物理性能检测→成品剪切→包装入库。

（2）铸锭选择

采用半连续铸造方式生产出铸锭。根据本企业热轧机、冷开坯轧机的生产能力及生产工艺路线确定铸锭尺寸的大小，对铸锭进行定尺剪切。在确认铸锭尺寸时应考虑成品轧制的带长及其宽度。铸锭锯切后一般不铣面，而是对铸锭表面进行局部打磨和修理，确保没有裂纹、气孔、夹杂及冷隔。

（3）热轧

①铸锭加热。采用步进式加热炉对铸锭进行加热，炉膛气氛控制为微氧化性气氛，料温控制在 850~900℃，铸锭应烧匀、烧透；严防过热及过烧现象发生。均热时间的长短，可根据铸锭的大小、装炉量的多少而定。例如铸锭尺寸为 170 mm×620 mm×4800 mm，则均热时间 4 h 左右。

②热轧开坯。开轧温度不低于 850℃，终轧温度不低于 650℃。轧制道次根据热轧机的能力及铸锭的厚度，宽度尺寸确定。一般以 5~9 个道次为好，终轧厚度以 12~14 mm 为好，终轧厚度以有利于热轧坯料铣面为原则。

（4）带坯铣面

铣面质量的好坏将决定成品表面质量的好坏，铣完面的带坯表面质量应保证无氧化物、洁净、光滑、表面无任何影响成品质量的缺陷。铣面带坯厚度控制在 10~12 mm。

（5）冷开坯

一般采用四辊可逆式冷轧机进行冷开坯，开坯总加工率可控制在 80%~90% 范围内，冷开坯时应注意冷却与润滑。冷开坯过程中除注意板型控制、尺寸公差外，还应注意工艺卫生，防止划伤、夹灰现象的发生。轧制结束后，带材表面润滑液应最大限度的除净。料卷从轧机上卸卷后应捆扎牢固。

（6）带坯切边

超薄水箱带在生产过程中根据需要可考虑 1~2 次切边。带坯在 1.5~2.0 mm 厚时安排第一次切边，带坯在预精轧并经退火后进行第二次切边及分卷。成品轧制前预精轧带宽一般以 420 mm 或 210 mm

宽为好，这样有利于成品轧制及板型控制。二次切边可避免成品轧制时出现不必要的断带以提高产品的成品率。

(7) 带坯热处理

带坯厚度为 1.5 ~ 2.0 mm 时可在钟罩式光亮退火炉中进行热处理，热处理采用的保护性气氛为 97% N_2 + 3% H_2，气氛的露点 ≤ -70℃，具体热处理制度见表 4 - 17。

表 4 - 17　超薄水箱铜带钟罩炉热处理制度

序号	钟罩炉装料量 /t	加热温度 /℃	热处理时间		冷却后 出炉温度/℃
			加热/h	保温/h	
1	10	450 ~ 470	3.5	3.5	≤60
2	16	450 ~ 470	4	4	≤60
3	30	470 ~ 500	5.5	5.5	≤60

预精轧的热处理原则上应在气垫式退火炉中进行。超薄水箱带的预精轧带坯厚度较薄，成品为 0.045 mm 的预精轧厚度一般为 0.13 ~ 0.25 mm 之间(与化学成分有关)，因此在钟罩炉退火时加热温度采用表 4 - 17 中的温度下限，同时热处理时间应适当减少以防止料卷粘料。在气垫炉中退火可以避免粘料的发生，同时对带材最终产品性能给予良好的保证。其退火工艺参数应根据各区炉温、来坯料厚度度及宽度合理选择通过速度。

例如：0.13 mm × 420 mm 的坯料，气垫炉 4 个区温度分别是 700℃、690℃、680℃、660℃，则带材的通过速度为 65 m/min。

超薄水箱带气垫炉热处理采用的保护性气氛应是 100% N_2 或者 97% N_2 + 3% H_2。

(8) 成品轧制

超薄水箱带材成品厚度范围是 0.025 ~ 0.06 mm，其厚度公差 ≤ ±0.003 mm，因此成品轧制应在高精度而且带有自动厚度控制系统的多辊轧机上进行。工作辊直径范围一般是 50 ~ 120 mm。国内一般采用小四辊轧机生产 0.045 ~ 0.06 mm 厚的成品，而 0.025 ~ 0.04 mm

厚的则最好使用12辊轧机或20辊轧机。

　　成品加工率应根据产品的物理性能进行选择，成品轧制道次的安排，张力的选择应有利于成品的板形控制及其公差的保证。一般成品轧制道次不应超过3个道次。

　　（9）成品剪切

　　超薄水箱带材成品宽度范围一般为30~88 mm，宽度公差高精度为 -0.1 mm，一般为 ±0.1 mm，由于带材很薄，宽度公差一般要求负差且值很小，侧弯度要求1.5 mm/m，因此成品剪切适合选用张力剪切，采用宽度确认的固定剪刃。

　　采用活动剪刃经分组装配成固定宽度进行剪切也是允许的，但剪刃配置时一定要注意宽度公差界限值。

148. 变压器铜带的典型工艺流程是怎样的？生产工艺参数怎样制定？

　　（1）工艺流程

　　变压器带材的生产方式大致分为两种：半连续或全连续铸造→热轧开坯生产方式和水平连铸→冷轧开坯生产方式。目前国内外较为通用的生产方式为半连续或全连续铸造 - 热轧开坯方式，适用于大规模、高效率生产。

　　国外某公司的生产工艺及流程如下：铸锭（200 mm × 1300 mm × 11000 mm）→步进炉煤气加热（860℃）→热轧（ϕ930 × 2080 热轧机，轧至 14~16 mm）→卷取（单卷重量 25 t）、水冷→双面铣（铣面厚度 0.4~1.0 mm，边铣）→冷轧（ϕ1600 mm 轧机）→分条、切边→成品轧制→罩式炉（或气垫炉）退火→成品剪切→（去毛刺）→包装。

　　（2）加热及热轧

　　为提高生产效率、减少氧化损失、保证带坯的正常轧制，在设备状况允许的情况下，变压器带材的生产一般采用"高温、快速、均匀、中性或微氧化气氛"条件进行锭坯的加热。铸锭加热一般采用步进式加热炉，出炉料温应控制在 850~920℃；应保证铸锭温度均匀；严防过热及过烧。热轧开坯温度高于820℃，轧终温度不低于600℃。气氛的控制通常通过调节空气和燃料比例、燃烧程度、炉膛压力等方法来进行。

（3）剪切

由于变压器带为软状态，在剪切时易产生毛刺、卷边、翻边、剪刃压痕、擦伤、划伤、卷取不齐等问题。剪切宜采用圆盘剪，主要控制参数是剪刃间隙和刀片重叠量。一般剪刃间隙为带材厚度的 3% ~ 5%。剪切主要工艺参数如表 4 - 18 所示。剪切过程应尽量专剪专用和剪刃质量良好。

表 4 - 18　变压器带材剪切工艺参数

带材厚度/mm	剪刃水平间隙/mm	剪刃垂直间隙/mm
<0.5	0.02 ~ 0.025	0.15 ~ 0.3
≥0.5	8% 带材厚度	1/2 带材厚度

注：剪切工艺参数应根据剪刃锐利程度、剪轴工作状态来选择。

（4）退火

退火制度及方式根据材料软化曲线、带材厚度及装备条件来确定。可采用罩式炉退火，然后进行清洗的生产方式，也可采用连续通过式退火方式。

由于连续通过式退火可以实现带材性能控制、脱脂、清洗及钝化一体化，产品性能均匀、表面良好，因此在装备能力许可的条件下应首选通过式退火方式。气垫炉推荐的典型退火工艺如下：0.5 mm × 600 mm，M 状态，退火温度 500℃，退火速度 16 m/min。

（5）带材的边部处理

高精度变压器带的边部处理是在专门的处理装备上进行的。进行带材边部处理必须保证来料具有良好的宽度及厚度公差、板形和边部原始剪切质量。对于边部处理装备，宽带可考虑在线，窄带则一般为单体离线的。根据产品要求的精度不同，处理方式可选择机械方式如刮、铣、滚压等。由于剪切所形成塑性变形区、剪切区、断裂区和毛刺区，最简单的方法是采用滚压的方法对毛刺区形成的单边毛刺进行变形处理，但此方法未从根本上去除毛刺，在使用过程中可能会因变压器的发热、振动等因素造成毛刺的翘起而引起放电。对于高端变压器带材产品则需进行机械的刮、铣等方式去除毛刺。

149. 变压器带主要性能怎样控制？

（1）带材的导电率控制

影响导电率的主要因素有：①杂质及微量元素对铜的导电性的影响；②合金密度越低导电率也越低。而带材的密度主要受基体中残留的微观气孔、孔洞、疏松等缺陷影响。

为满足带材的高导电性能和优良的综合性能，在材料的合金化过程中对各微量元素应精确控制，同时保证材料应具有均匀致密的内部组织。

（2）带材的边部质量控制

对于一般要求的带材可通过控制带材的剪切质量来控制带材剪切后的边部毛刺，而对于要求较高的变压器带材，除需控制剪切质量外，还需对边部进行专门的处理。带材的边部毛刺应从工艺和装备两个方面进行解决。

①工艺上根据装备条件，对不同规格的带材采取不同工艺制度：宽厚（此宽厚定义根据不同的装备条件而定，一般指宽度在 400 mm 以上、厚度在 1.5 mm 以上）成品带材采用先退火后剪切的方式；对于软切困难的中厚（一般指 0.5~1.5 mm）规格、宽规格成品带材采用先分切后退火的方法；对于窄薄（一般指宽度在 100 mm 以下，厚度在 0.5 mm 以下）带材的生产通常采用先退火后剪切的方法进行生产。

②变压器带的剪切须在装备良好的圆盘剪上进行。在剪切过程中应重点关注剪刃质量、剪刃间隙、剪刃重叠量、橡胶环配置、剪切速度以及剪切过程中的开卷和收卷张力等工艺因素，以最大限度减小边部毛刺。对于要求圆角或圆边的特殊产品，采用专门的工艺技术及装备来解决，而良好的原始剪切边部质量、带材尺寸公差精度、板形是实现边部处理的前提。处理方法为：厚带材（厚度大于

0.5 mm)采用机械(如刮、铣、滚压等)方式修成圆角或圆边,薄带(厚度小于 0.5 mm)通常是采取严格控制剪切质量,同时在剪切机列后部附加多辊矫平系统,将边部毛刺进行压平,以减小垂直毛刺。

150. 怎样制定电缆带生产工艺参数?

(1)加热

电缆带用铸锭均为大规格、长锭坯,因此铸锭加热一般采用步进式加热炉,加热气氛宜采用中性或微还原性气氛,出炉料温宜控制在 850~920℃;应保证铸锭温度均匀,各部分的温差小于 ±5℃;根据加热炉的加热能力,在保证热透热均的前提下尽量缩短加热时间,严防过热及过烧。热轧开坯温度不能低于 820℃,轧终温度应保证在 600℃以上。

(2)铣面

由于成品带材薄,材质软,电缆用铜带生产过程中极易产生孔洞缺陷。因此,必须保证带材表面及侧边的铣削质量,应无凸棱、凹坑、漏铣及粘屑等现象。

(3)超长薄带的轧制

无氧铜电缆带的冷轧可充分利用铜的塑性,采用大加工率进行轧制。由于电缆带成品薄、软,且长度较长,轧制过程存在易断带、板形控制困难、公差不易控制等问题,故电缆带的生产要求有较高的设备配置及轧制技术。

为减少或避免断带,可合理调整道次压下制度,减小道次压下量,采用多道次、小压下量来减小道次轧制力;控制前后轧制张力,以减少张力对公差的影响,同时避免张力过大造成断带。采用带有板形仪的精轧机对带材的板形进行控制,以提高轧制生产效率,同时减少断带。控制轧制速度,以降低轧制过程中轧制变形热的产生,避免带材表面变色。

(4)成品性能控制

成品带材的状态一般为软(M)态或 1/8 硬(Y8)态。由于铜的塑性极好,无氧铜电缆带成品性能的控制可采取以下 3 种工艺方法:大加工率轧制，由成品退火控制最终性能；采用中间退火，由加工率控制成品性能；采用加工率和成品退火共同控制性能。

大加工率轧制时，带材总加工率过大（大于90%），晶粒破碎充分，再结晶所需要的能量减少，从而降低了再结晶温度，导致抗拉强度和屈服强度同时下降；采用合适的中间退火，减少总加工率，可以减少材料内部组织的加工织构，使材料软化温度降低，在保证材料具有足够抗拉强度的同时，使材料的屈服点下降，同时实现组织的均匀性。

由于带材较薄且对表面要求较高，一般均采用通过式连续退火方式。典型气垫炉退火工艺如下：0.25 mm×600 mm，Y8状态，气垫炉，退火温度560℃，退火速度23 m/min。

（5）表面清洗

电缆带应在剪切前进行表面清洗。清洗过程分为碱洗、酸洗、水洗、表面抛光、烘干和钝化。带材的表面清洗可以和退火工艺结合进行，如采用气垫式退火炉；也可单独进行。

碱洗：通过碱洗清除带材表面残留的轧制油。常用的清洗液为多种钠盐与表面湿润剂的混合液，通过清洗液的乳化作用、皂化作用及反凝絮作用达到除去油脂的目的。清洗液浓度一般为0.3%～2.0%，清洗温度为50～70℃。

酸洗、抛光：常用的酸洗液浓度为8%～15% H_2SO_4，以洗去带材退火过程中的表面氧化物。酸洗后的带材采用多组不同目数的刷子进行机械刷洗、抛光以获得光亮表面。

钝化：常用的钝化方法为BTA单一钝化处理。BTA钝化液的常用浓度为0.1%～0.5%，使用温度为60～80℃。过高或过低的温度条件都有可能影响钝化效果。由于钝化剂使用前必须进行溶解后进入循环，若未彻底溶解，残存的钝化剂颗粒将会造成带材表面点状缺陷。

151. 电缆带的主要性能怎样控制？

电缆带的综合质量要求较高，主要体现在：优良的导电性、良好的弯曲成形和焊接性、尺寸公差的一致性和超长度要求。

（1）高纯度控制

电缆带的焊接过程一般采用氩弧焊，以避免高温熔体的氧化，影响焊缝的稳定性，但铜母材自身残留的氧将无法避免地对带材的焊接性能带来影响。在无氧铜熔体的高纯度控制上，一方面采用精料来实现杂质如磷、铁、硫等含量的控制。另一方面是控制熔体的低氧含量，同时应保证氧的均匀分布。

在除氧、除气方面通用的方法是采用全密封的被动型熔体处理技术，国外目前已发展出采用在多孔砖吹炼的熔体活化技术，即在熔炼炉或保温炉的炉底耐火层中预埋两块多孔砖，通过多孔砖反应发生气体或将中性气体吹入熔体中。反应气体如 CO 与铜中的氧反应生成 CO_2 能够进一步降低氧含量，达到 0.001% 以下。同时应控制热加工过程的加热气氛，减少高温下氧的渗入。

（2）带材的弯曲与焊接性能的控制

由于电缆用铜带需经成形后进行焊接，因此要求材料应有一定的强度，保证材料在加工制作过程的顺利进行，但同时又要求尽量降低材料的屈服强度，以便易于旋压成形、保证焊缝结合的牢固性，避免卷取时焊缝的开裂。

焊接性能是带材性能的综合反应，铜材的各项指标均可能影响到材料的焊接性能，如氧含量、力学性能、板形、毛刺、公差一致性、表面质量等均可影响焊接的稳定性和焊缝的严密性。

（3）超长度带材的生产技术

电缆带成品软、薄、窄，轧制过程易断带，造成长度不够，因此超长度要求的软、薄无氧铜带的轧制技术应在高精度轧机上进行，而且应从热轧开始就严格控制好板形和厚度公差。

152. 锡磷青铜带的典型工艺流程是怎样的？生产工艺参数怎样制定？

（1）工艺流程

目前，国内外已普遍采用水平连续铸造带坯－冷轧方式生产锡磷青铜板带, 其典型工艺流程大体为: 配料→熔炼 (1240 ~ 1260℃) →保温 (1170 ~ 1190℃) →水平连续铸造 [(14 ~ 16) mm × (320 ~ 650) mm、(170 ~ 180) mm/min] →铣面 (双面铣去 1.5 mm) →卷取→均匀化退火 (640 ~ 690℃) →冷轧开坯 (5.8 ~ 2.4 mm) →再结晶退火 (500 ~ 560℃) → (清洗) →中轧 (0.8 ~ 1.75 mm) →再结晶退火 (470 ~ 520℃) → (清洗) →精轧 (0.25 mm) →低温退火 (210 ~ 250℃) →表面清洗→平整 (拉弯矫处理) →分剪→包装→入库。

（2）水平连续铸造

生产锡磷青铜的原料主要有阴极铜、锡锭、铜磷中间合金及相应的铜废料等, 所选用的阴极铜、锡锭、铜磷中间合金应符合相应的国家标准, 应注意防止其中的 As、Sb、Bi、Pb 及 S 等有害元素超标对产品生产和客户使用带来的不利影响。

锡磷青铜的熔炼和保温通常采用低频有芯感应电炉。在熔炼和铸造过程中, 应注意对熔液的保护, 加强液面的覆盖。通常采用干燥的木炭或米糠覆盖。锡磷青铜的熔炼温度为 1180 ~ 1250℃, 铸造温度为 1140 ~ 1180℃。

水平连铸的工艺主要包括水平连铸机的拉铸程序、铸造用结晶器的水冷控制和调整、连铸带坯出口温度等工艺参数。水平连铸的程序通常为: 反推①: 0 ~ 2 mm, 拉出: 10 ~ 15 mm, 停止: 1 ~ 3 s, 反推②: 0 ~ 2 mm。连铸带坯出口温度一般控制在 320 ~ 380℃。

由于水平连铸结晶器上、下表面冷却条件不同, 因而容易导致上下组织和性能差异, 枝晶偏析或成分偏析严重的合金更是如此。最近国外已开发研究青铜的立弯连铸技术, 先是将铸造带坯垂直连续下引, 然后逐渐弯曲成水平带坯的方式, 以克服水平连铸方式容易出现的上下表面结晶不一致的问题。

（2）连铸带坯的铣面

锡磷青铜水平连铸带坯需经铣面, 铣面的深度每面 0.5 ~ 1.0 mm。维持一定的铣削深度, 不仅要保证将铸坯表面氧化皮铣去, 而且希望能更多的铣去铸坯表层的包括偏析瘤等各类铸造缺陷, 确保铣后坯料的表面质量。具体的铣削深度还与铸坯的板形有关, 不良的板形需要更大的铣削量。为了保证后续轧制的正常进行，应严格控制铣面后的带坯尺寸偏差，其中带坯的横向、纵向厚度偏差应不大于0.10 mm。铣削后的带坯表面应光滑，不能留有影响后续加工的刀痕。

（3）均匀化退火

适宜的均匀化退火可以消除水平连铸带坯存在的严重的枝晶偏析，有效改善铸坯的组织状况，提高后续大加工率冷轧的适应性。均匀化退火的温度650~700℃、保温7~9 h。

另一种处理锡磷青铜水平连铸带坯严重的枝晶偏析的方法，是通过对铸造带坯进行小加工率预轧制（表面碾压）破碎粗大的柱状晶粒，然后进行退火，可以得到均匀、细小的再结晶组织。

从质量控制角度看，先均匀化退火后铣面更好一些，铸坯表面的氧化层可以减缓退火时的"粘结"，铣面后直接进行冷轧，可以减少带坯的工序损伤。

（4）冷开坯

锡磷青铜具有良好的冷加工性能，冷轧的加工率可达60%~80%。普遍采用大加工率的开坯工艺，14.0~16.0 mm厚的连铸带坯（经铣面和均匀化退火）可直接轧制到4.0~6.0 mm，最好的可直接轧至2.4~2.7 mm。

锡磷青铜水平连铸带坯在轧制中遇到的主要质量问题是各种形式的轧制开裂，包括带材边部开裂和中间开裂。防止带坯轧制开裂，除了需要铸造质量较好的水平连铸带坯外，轧机的技术参数及轧制卷取方式也是重要的。对于锡磷青铜水平连铸带坯轧制，采用大辊径的轧机和卷筒直径1.5~2.0 m的直接张力卷取机（即"大鼓轮"），可以避免或减小带坯轧制过程中发生带材边部开裂和中间开裂的可能性或程度。

（5）再结晶退火

锡磷青铜带在可控气氛的钟罩式退火炉内进行再结晶退火，其优点是退火后能保持一定的表面光亮度，退火成本低，设备投资相对较小。而缺点是对于卷重较大、厚度较薄的带卷容易发生粘结。成卷带材在加热时会发生膨胀，卷内金属更趋绷紧，由于高温和高压的作用，上一层金属可能焊合在下一层金属上，造成退火后的带卷无法打开，或者即使强行打开，也会在带材表面留下疤痕而造成报废。同时，钟罩式光亮退火炉的退火过程比较长，一般需要 16～20 h 才能完成一个退火过程。

目前，连续退火的方式正越来越多地运用于锡磷青铜薄带的再结晶退火。连续退火可有效地避免退火过程中的铜带粘结，同时连续式退火炉一般都带有带材的脱脂、酸洗及钝化处理装置，因此退火处理后铜带的表面质量可以得到明显的提高并满足不同用户的要求。

（6）表面清洗和钝化处理

锡磷青铜带脱脂可以采用碱液，酸洗常用 5%～10% 的硫酸，钝化剂通常采用 0.2%～0.3% 的 BTA 溶液。

（7）带材的低温退火

锡磷青铜带材成品应进行低温退火以消除内应力。为了消除材料残余应力，需要将材料加热至再结晶温度以下，通常在 200～250℃之间，保温 1.0～2.0 h。这种低温热处理也可使材料的其他性能发生一定的变化，例如可进一步改善锡磷青铜加工材的强度、塑性、弹性极限和弹性模量等技术指标，低温处理还能增加锡磷青铜的弹性稳定性。锡磷青铜带的延伸率会有一定的提高，而抗拉强度稍有降低，这种变化对难成形零件加工成形是有利的。

153. 锌白铜带的典型工艺流程是怎样的？　生产工艺参数怎样制定？

（1）工艺流程

锌白铜合金材料的冷加工性能十分优良，一般采用水平连铸－冷轧方式生产。水平连铸－冷轧方式主要生产工艺流程大体为：配料→熔炼→保温→水平连续铸造→铣面→卷取→冷轧开坯→再结晶退火→（清洗）→中轧→再结晶退火→（清洗）→精轧→表面清洗→平整（拉弯矫处理）→分剪→包装→入库。

（2）带坯水平连续铸造

　　生产锌白铜的原料主要有阴极铜、电解镍板、锌锭及相应的铜合金废料等。锌白铜的熔炼和保温通常采用低频有芯感应电炉，熔炼温度为 1280~1350℃，铸造温度为 1230~1280℃。

　　锌白铜水平连铸带坯需经铣面，才能进行后续的冷轧。铣面的深度每面 0.5~1.0 mm。应严格控制铣面后的带坯尺寸偏差，其中带坯的横、纵向厚度偏差应不大于 0.10 mm。

　　(3)冷轧

　　锌白铜具有良好的冷加工性能，冷轧的加工率可达 80% 以上。但锌白铜板带的强度较高，加工时轧制负荷大，从某种程度上讲，材料的道次加工率取决于轧机的能力。锌白铜带坯在轧制中遇到的主要质量问题是各种形式的边部开裂和中间开裂。防止轧制开裂，除了需要较好的带坯铸造质量外，轧机的性能及轧制卷取方式等也是重要的影响因素。

　　(4)再结晶退火

　　锌白铜带可在有保护气氛的钟罩式退火炉内进行再结晶退火，其退火温度 600~700℃。采用钟罩式退火炉退火，比较适合于厚带材的再结晶退火，退火时间比较长，一般需要 18~20 h。也可以采用连续退火方式进行锌白铜板带的再结晶退火，适合薄带的退火。

　　(5)表面清洗

　　锌白铜带脱脂可以采用各种非腐蚀性的脱脂碱液，酸洗可用 10%~15% 的稀硫酸，但表面严重氧化的锌白铜带，酸洗时需要在酸液中添加 1%~5% 的硝酸或其他强氧化剂。

　　(6)低温退火

　　轧制后的锌白铜带材需要进行低温退火，通常在 200~250℃ 之间，保温 3.0~4.0 h。低温退火可进一步改善锌白铜带的弹性极限和弹性模量等技术指标，增加弹性的稳定性。

154.引线框架铜带的典型工艺流程是怎样的?

　　引线框架铜带目前采用的生产方法有两种：立式半连续(或全连续)铸造→大锭热轧→高精度冷轧法和水平连铸→高精度冷轧法。其中水平连铸在框架材料铜带的生产中为非主流生产方式。

（1）半连续铸造－热轧生产方式

国外某公司生产引线框架 C19400，厚度 0.254 mm 生产工艺流程见表 4－19。

表 4－19　引线框架铜带生产工艺流程及工艺参数举例

序号	工序名称	工序后尺寸/mm	工艺条件与检验项目
1	加热	$200 \times 600 \times 6000$	加热温度 900～950℃
2	热轧	10×660	热轧温度 700～875℃，总加工率 95%
3	铣面	9.4×660	铣面 0.3 mm/面
4	粗轧（六辊）	1.5×660	冷轧总加工率 84%
5	切边	1.5×620	切边 20 mm/边
6	退火（钟罩炉）	1.5×620	540°/8 h，检验 ρ，Rm，$A_{11.3}$ 值符合工序标准规定
7	连续酸洗	1.5×620	在线检验控制表面质量
8	预精轧（6 辊或 20 辊）	3 种状态 0.7×620（SH） 0.45×620（H） 0.35×620（H/2）	总加工率 53.3% 总加工率 70% 总加工率 76.7%
9	连续退火	0.7×620 0.45×620 0.35×620	650°　34 m/min　检验 610°　40 m/min　Ra、ρ、 610°　40 m/min　R_m、$A_{11.3}$ 值符合工序标准要求
10	精轧（20 辊）	0.254×620（SH） 0.254×620（H） 0.254×620（H/2）	成品加工率　检测值符合下面要求 63.8%　R_m：482～524 MPa　$A_{11.3} \geqslant 3\%$ 43.6%　R_m：414～482 MPa　$A_{11.3} \geqslant 4\%$ 27.4%　R_m：366～434 MPa　$A_{11.3} \geqslant 1\%$ 厚度公差 ±0.005 mm
11	脱脂清洗	0.254×620	在线检验控制表面质量
12	拉弯矫直	0.254×620	在线检验控制表面与板形质量
13	成品剪切在线包装	0.254 按用户要求宽度分切	检验平直度、边部质量、宽度符合标准要求，按标准规定包装。

（2）水平连铸（高精度冷轧生产方式）

该方式具有工艺流程短，投资少的优点，但不适应多品种生产。对固溶时效强化效应显著的合金如 C19400 及 Cu – Ni – Si 、Cu – Cr – Zr 等合金也不适应，但在 C12200、KFC 等高导低强合金的生产中有一定的适应性。国内某公司 KFC 合金带生产工艺流程见表 4 – 20。

表 4 – 20 KFC 合金水平连铸法生产铜带的工艺流程

序号	工序名称	工序后尺寸/mm	工艺条件及检验项目
1	铣面	14 × 260	0.5 mm/面 检验表面质量
2	粗轧（四辊）	2.2 × 264	总加工率84.3%
3	切边	2.2 × 250	切边 14 mm
4	退火（钟罩炉）	2.2 × 250	620℃/5 h，保护气体为 3% H_2 + 97% N_2
5	连续酸洗	2.2 × 250	5% ~ 10% H_2SO_4 溶液
6	中轧（四辊）	0.52 × 250	总加工率76.4%
7	退火（钟罩炉）	0.52 × 250	480℃/6 h，保护气体 3% H_2 + 97% N_2
8	连续酸洗	0.52 × 250	5% ~ 10% H_2SO_4 溶液
9	精轧（四辊）	0.38 × 250	成品加工率26.9%检验性能 公差控制：±0.005 mm
10	脱脂清洗磨面	0.38 × 250	碱性溶液脱脂清洗磨光后加钝化剂
11	拉弯矫直（23 辊张力矫直机）	0.38 × 250	0.5% 延伸率
12	成品剪切	0.38 × 要求宽度	按用户宽度要求剪切按标准检验
13	检验包装		离线包装打捆

155. 怎样制定引线框架铜带生产工艺参数？

（1）铸锭加热制度及热轧工艺

引线框架用铜合金铸锭在高温下一般具有良好的塑性和较低的变形抗力，较适合于大变形量热加工。一般加热温度比热轧开始温度高 20 ~ 30℃。大部分引线框架合金铸造应力大，应对铸锭进行充分加热，并保证加热均匀。炉内气氛宜采用还原性或微氧化性加热气氛。

合金的热轧工艺,轧制温度、轧制速度、轧制过程中的温降等均需与整体工艺进行统一考虑与设计,大部分合金的固溶处理温度较高,达 850℃ 以上,在线处理应保证在 700℃ 以上,故选用高速轧制、过程保温、在线固溶,固溶处理的好坏将直接影响成品带材的性能。

(2)形变热处理工艺

固溶强化型铜合金的特性一般不受加工工艺的影响,但析出硬化型铜合金的抗拉强度和物理性能一定程度上受加工工艺的影响。如图 4 - 9 所示为 C19400 两种不同的形变热处理加工工艺。其中图 4 - 9(a)是常规的 C19400 生产工艺,图 4 - 9(b)是一次退火温度从 848 K 连续退火到 773 K 的工艺,可抑制晶粒的大小、析出物的大小、数量及分布。此工艺可得到材料的抗拉强度达 569 MPa,提高 20%,导电率为 71% IACS,约提高 6% IACS。

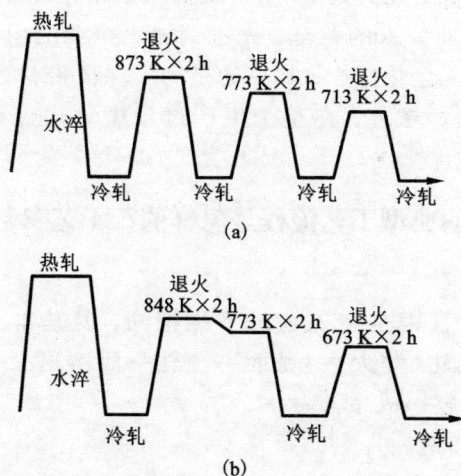

图 4 - 9　C19400 两种不同的形变热处理加工工艺

(3)成品性能的控制

带材冷轧后通过时效处理以获得所需的力学性能和物理性能,有的还需要进行冷加工。根据合金使用状态的不同,成品的性能要求有较大差异。因此，应根据不同性能要求确定成品加工率。

随着加工率的增大，位错密度增加，造成再结晶温度降低，从而降低材料的抗软化温度。因此 EH、SH 状态的带材抗软化温度将大幅下降。

（4）带材的残余应力控制

引线框架带材残余应力的去除有以下几种方法：拉伸弯曲矫直、低温退火、张力退火。对于冲压使用的带材一般采用拉弯矫使带材内部的残余应力得以均衡，但对于蚀刻使用的带材则宜采用张力退火。

制品在圆盘剪进行纵切分条时，切断部位附近残留局部应力。在使用要求严格时，对纵切后的条材须进行张力退火。

（5）带材表面质量控制

引线框架材料，尤其是 IC 用引线框架铜带，其对于生产环境的要求是现代化企业要求的典范，先进铜加工企业的引线框架生产线采用全封闭式、无尘化生产，其目的是为了保证带材表面质量稳定、洁净。除了环境要求外，在整个生产过程中均需保证带材的表面质量。

156. 铍青铜带的典型工艺流程是怎样的？工艺参数怎样制定？

（1）工艺流程

目前各国铍青铜生产工艺虽不尽相同，但基本上沿着熔炼→铸造→加热→热轧（淬火）→铣面→冷轧→固溶退火→冷轧→固溶退火→冷轧或精整→成品。

（2）熔炼、铸造

由于金属铍在高温下极易氧化，其铍尘和废水中超标极易引起中毒反应，因此铍青铜熔铸的防护是非常重要的。目前国内外普遍采用大型中频感应电炉熔炼；高质量的覆盖剂防止金属铍氧化；工人采用防毒面罩防尘；铍尘采用高效收尘系统解决环保问题。

目前铍青铜多采用半连续铸造机铸造，锭重为 5～7 t。由于铍青铜冷却时线收缩率大，所以铸锭的宽厚比不宜过大。

（3）加热、热轧

加热工序一般在电阻炉或步进炉进行，对于 C17200 合金来讲，温度最好控制在 790±5℃，不得超过 802℃，否则造成晶界熔化加宽，无法热轧；C17410、C17500 合金加热温度控制在 930℃以下。

由于铍青铜热轧后要求淬火，对终轧温度有严格要求，所以热轧机的轧制速度变化范围大，速度快，应缩短轧制时间，减少散热，及时淬火。C17200 合金热轧温度范围为 650～800℃；C17500 合金热轧温度范围为 700～925℃。淬火后直接冷却到 200℃以下。

（4）冷轧

冷轧一般采用多辊轧机，粗轧也有用四辊的，但精轧基本上采用 20 辊轧机。其精度为 0.1±0.0025 mm。冷轧最大加工率可达 60%～80%。

（5）热处理

铍青铜中间退火一般有两种形式，一种为传统的固溶热处理，但带厚时设备不易选择和操作；另一种为钟罩式光亮退火炉退火。退火前一般进行剪边以防止裂边。

对于成品退火国内外一般选用连续淬火炉进行固溶热处理。淬火已由水淬改为气淬工艺（水淬带面瓢曲，表面易氧化），方法是采用低温保护性气氛喷冷带面，保证了淬火性能，防止带面氧化和瓢曲。为改善表面质量，退火后进行一般酸洗和抛光及钝化。

热轧淬火提供了好的冷加工特性和晶粒组织，成品热处理保证了产品特性，为产品的使用性能奠定基础。时效热处理一般在冲制零件成形后进行，不属加工厂工序范围。

（6）表面酸洗和光亮清洗

在无惰性气体保护下的时效退火炉内进行时效硬化热处理之后，要达到表面光亮清洁，应按下列步骤进行酸洗：①浸在 15%～25% 浓度的硫酸溶液中进行酸洗，液温最少为 71℃。浸泡时间大约 10 min，或直到黑色部分全部洗掉为止；②在冷水中彻底清洗；③清洗后在 15%～30% 浓度的冷硝酸中浸泡，当铍青铜发生溶解，酸液冒出气泡时，应停止浸泡；④在冷水中彻底清洗。

对于表面质量要求更高的部件，还应采用下列工序洗面：①在每加仑①硫酸溶液（含 15% 硫酸）中加入 4 盎司②重铬酸钠，做成冷溶液，将材料在里面浸泡 15 s；②在冷水中彻底清洗；③在加热到 65.6℃，2% ~ 3% NaOH 溶液中漂洗；④采用空气吹干或其他办法彻底干燥。

---

② 1 加仑 = 4.54609 L；1 盎司 = 28.3495 g

第 5 章　铜合金板带材检测技术及质量控制

157. 铜合金拉伸试验可以检查材料哪些性能? 怎样取样?

通过拉伸试验可以测试材料的弹性、强度、塑性等方面的多种性能。

(1)抗拉强度和屈服强度

某一材料的试样在拉伸试验中发生断裂时,单位面积所能承受的最大拉力称为该材料的抗拉强度。用 R_m(旧标准用 σ_b)表示。它表示金属抵抗断裂的能力。

某一材料的试样在拉伸试验中出现屈服现象时(此时变形开始而力不增加)的应力称为该材料的屈服强度,常用 R_{eH} 或 R_{eL}(旧标准 σ_s)表示。由于相当一部分材料的屈服效应并不明显,因此,可以用 0.2% 的变形量时的应力作为材料的屈服强度,用 $R_{p0.2}$(旧标准用 $\sigma_{0.2}$)表示。它们表示金属抵抗永久变形的能力。

抗拉强度和屈服强度都是金属材料的强度指标,均是按照 GB/T228.1—2010规定,把一定规格的金属材料按特定尺寸加工成试样(试棒)夹装在拉力实验机上进行试验测得的。

(2)断后伸长率

材料的延伸率按新标准称为断后伸长率。是指试样发生断裂时,试样伸长的比率。材料的伸长率也是按照 GB/T228.1—2010 的规定,在拉力实验机上经过实验测得的。用 A(旧标准用 δ)表示。标距为 5 mm 的短试样测得的延伸率用 A(旧标准为 δ_5)表示,而标距为 10 mm 的长试样测得的延伸率用 $A_{11.3}$(旧标准用 δ_{10})表示。

(3)板带材取样尺寸

铜合金板带材拉伸取样尺寸见表5-1。

表5-1　板带材拉伸试样取样尺寸

厚度/mm	长度/mm	宽度/mm
<3.0	200±5	40±5
3.0~4.5	280±5	
4.5~10.0	380±5	45±5
10.0~15.0	420±5	

158. 铜合金板带硬度测量方法有哪些?

硬度即金属表面局部体积内抵抗因外物压入而引起塑性变形的抗力。硬度越高即表明材料抵抗塑性变形的能力愈大,金属产生塑性变形愈困难。

硬度是衡量金属材料软硬程度的一种性能指标。由于硬度能反映出金属材料在化学成分、金相组织结构和热处理工艺上的差异,因此硬度试验也是一种很好的理化分析和金相研究的方法。

铜及铜合金硬度测试方法有布氏硬度、维氏硬度、洛氏硬度、韦氏硬度等,但应用最广泛的是维氏硬度。维氏硬度特别适用于铜及铜合金薄板带的硬度测定。其优点是测量精度高,有一个统一的标尺,可适用于较大范围的硬度测试。不足之处是试验效率较洛氏硬度低,对试验面的表面质量要求较高。维氏硬度常用 HV 表示。

159. 检测铜合金板带材导电率的方法有哪些?
对试样有什么要求?

导电率的检测有两类方法:一是通过测量一段具有均匀截面导体的电阻来计算导电率,这类方法中有双电桥法、单电桥法、电位差计法和直接读数的伏安法等,对于铜及铜合金,最常用的是双电桥法;二是采用直接读取导电率或电导率的涡流法。铜合金的导电率一般用 % IACS 表示。

双电桥法对试样的要求：①试样表面不允许有裂纹、凹坑、伤痕、打结或疵点等缺陷，不允许有油脂、锈蚀等污物，以保证接触良好。②试样必须是断面均匀的板材、带材、条材或线材，板材、带材、条材一般应铣成 4～8 mm 宽，沿长度方向宽度不应有 5% 的变化；试样标距长度应不小于 300 mm。

涡流法对试样的要求：①试样测试面应为平面，材质均匀无铁磁性，表面粗糙度 Ra 不大于 6.3 μm，应光滑、清洁，无氧化皮、油漆、腐蚀斑、灰尘和镀层等。②试样宽度和长度方向的尺寸必须大于探头直径的 2 倍。③试样厚度应不小于有效渗透深度，当厚度小于有效渗透深度时可多层叠加，叠加后的试样总层厚度应不小于有效渗透深度，但叠加层数不能多于 3 层，叠加时，各层间必须紧密贴合，且能互换检测。

160. 如何控制板带材的力学性能？

铜合金产品首先依据合金使用方向、工作环境等进行合金设计，形成原始的合金特性，在此基础上通过加工硬化或退火软化处理获得预期的力学性能（同牌号不同力学性能、不同牌号相似力学性能），以满足产品需要。铜合金板带材力学性能主要控制方式如下

（1）加工率控制

加工率控制产品性能，主要指硬状态产品（Y、T、TY、CT 等）。硬态料通过调整轧制加工率大小控制产品性能，产品的强度、硬度与加工率存在一定的正比关系。高强度产品，采用大的加工率；中低强度产品，采用相对低的加工率。

（2）退火控制

退火控制产品性能，主要指软态产品（M、TM 等）。软态料往往是在轧制变形的基础上，对材料在再结晶温度以上进行完全退火，大幅度提高材料延伸率，同时降低强度和硬度。不同的退火温度和保温时间，决定材料最终的性能变化。

（3）其他方式

①热轧态（R）产品

热轧态产品通过在再结晶温度以上加工变形而获得,其力学性能主要取决于终轧温度和材料在该温度下的再结晶状态。控制高的终轧温度,可使材料完成充分的再结晶,从而降低材料的强度和硬度,提高材料延伸率;反之亦然。

②介于硬态和软态之间的产品

针对介于硬态和软态之间(Y1、Y2、Y3、Y4等)的产品,其力学性能可通过加工率控制或退火控制来实现。加工率控制主要依据材料的加工硬化曲线,采取不同的加工变形量,获得不同的产品状态和性能;退火控制法主要依据材料的软化曲线,采取不同的退火制度,获得不同的产品状态和性能。

③特殊合金

对于部分需要人工时效或自然时效的特殊合金,首先对材料进行固溶处理,然后轧制变形,最终依据时效与性能对应关系进行时效处理,从而获得预期的产品组织和性能。

161. 如何控制板带材的晶粒度?

晶粒度是用于表述晶粒大小的参数。对于铜合金板带材,主要指软态(M)产品内部晶粒大小。铜合金板带材晶粒度一般通过以下处理进行控制。

(1)控制成品退火前总加工率

成品退火前总加工率应控制在材料的临界变形程度(10% ~ 20%)之上,保证晶粒的破碎和变形的均匀,在此基础上,变形程度越大,金属畸变能越高,组织越不稳定,向低能量状态变化的倾向也越大,再结晶的开始温度越低,再结晶后的晶粒会越细越均匀。同时,对于部分金属,当变形大于90%时,会再次出现晶粒长大现象。

(2)控制退火制度

①加热速度。快速加热,使原子来不及扩散,升高开始再结晶温度,减少阻碍晶粒长大的第二相及其他杂质质点的溶解,从而减缓晶粒长大趋势,使再结晶后的晶粒细小。

②退火温度。晶粒长大是通过晶界迁移、原子扩散实现的。晶

界的迁移随着温度升高而加快，达到一定尺寸后停止迁移。但如果进一步升高退火温度，则会再次启动晶界的迁移，晶粒继续长大。

③退火时间。依据晶粒尺寸与退火时间的关系，在恒定的温度下，随着保温时间增加，晶粒逐渐长大，但当晶粒达到一定尺寸后则停止生长。

（3）其他影响因素

材料中的杂质元素、原始晶粒度、热轧终轧温度以及中间退火制度均对成品的晶粒度有一定的影响，但随着成品加工率的增大而减弱。

162. 过热与过烧产生的原因是什么？如何防止？

金属在加热或加工过程中，由于温度高、时间长，导致晶粒粗大的现象称为过热；严重过热时，晶间局部低熔点组元熔化或晶界弱化现象称为过烧。

过热板带材表面出现粗糙的麻点、橘皮、晶粒粗大等现象，合金强度虽下降不多，但室温冲击韧性和塑性大幅度下降；材料变脆，断口出现粗大的结晶颗粒，高倍下观察除粗大的等轴晶外，可能有粗大的第二相或魏氏组织。过热并非绝对废品，有时可通过再变形、热处理等方法予以矫正或降级使用。

过烧板材表面粗糙，晶界变粗、变直、发毛，甚至出现裂纹，还会出现易熔化和氧化的薄膜层。过烧使金属结合力大大降低，显微组织中出现熔化孔洞或共晶球、熔化的液相网，甚至在几个晶粒的交界处有熔化出现的不规则孔洞等现象。轧制时出现晶界裂纹、板材侧裂、张口裂或裂成碎块，开裂部位能看到粗大枝晶和熔化的痕迹。

产生的原因：①加热温度高、时间长或局部长时间处于高温源处；②热加工终了温度过高或者在高温区停留时间过长；③合金中存在低熔点组元或低熔点夹杂较多。

防止措施：①依据合金相图和材料特点，制定合理的升温加热制度；②注意加热设备的温度控制和正确装炉，避免铸锭近距离正对烧嘴；③形成完善的点检制度，确保测温设备和传动设备等无故障运行，防止"跑温"或局部过热造成材料过烧。

图 5-1 和图 5-2 为过烧的典型图片。

图 5-1 H62 过烧轧成碎块(2/3×)

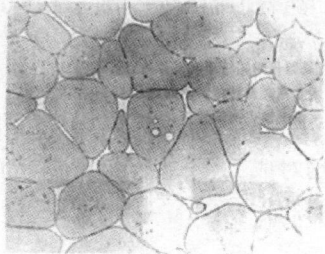

图 5-2 QBe2.0 过烧组织(150×)

163. 热轧板开裂的原因是什么？如何防止？

热轧板开裂可分为表面或边部开裂和中心"张嘴"开裂。影响热轧板开裂的主要因素如下。

①锭坯质量。锭坯表面缺陷和内部缺陷(裂纹、夹渣、缩孔等)均可导致热轧过程中材料局部强度偏低或缺陷延展，引起热轧开裂。

②加热制度。加热温度过高或保温时间过长，导致锭坯局部过烧或过热。

③热轧工艺。开轧温度较高，轧件变形区部分为黏着区，外摩擦系数较大，引起轧件不均匀变形(轧件中间层不变形或变形很小)，轧件表面因拉应力过大产生表面开裂，而轧件中心层产生沿锭坯中心面张嘴开裂。

防止措施：

①采用优质锭坯。锭坯表面无冷隔、夹渣、裂纹等缺陷，锭坯内部无缩孔、疏松、裂纹等缺陷。对于局部出现轻微凸起、流爪、冷隔等，可适当人工修理，但不允许出现深度≥3 mm、长深比≥6、宽深比≥4 的修复坑。

②合理安排加热制度，防止锭坯过烧或过热。

③合理安排道次压下量，首道次压下量不易过大；前几道次采用低速轧制。

④采用擦辊、润滑等措施减小接触面摩擦系数，保证锭坯内外变形均匀。

图 5 - 3　QSn7 - 0.2 张口裂、侧裂(15 ×)

图 5 - 3 为热轧开裂典型图片。

164. 热轧板横向厚度呈凹形、凸形分布是何原因？ 如何防止？

(1)横向厚度呈凹形

横向厚度呈凹形表现为中部薄两边厚，其横向厚度差主要是轧制时辊型的凸度偏大或者道次加工率过小造成的。

消除措施：①减小辊型凸度；②适当增加道次加工率；③增加中段水冷却；④降低轧制速度。

(2)横向厚度呈凸形

横向厚度呈凸形表现为中部厚两边薄，其横向厚度差主要是轧制时辊型的凸度偏小或者道次加工率过大造成的。

消除措施：①增加辊型凸度；②适当减小道次加工率；③减少中段水冷却；④增加轧制速度。

165. 双面铣常见质量问题有哪些？ 采用什么措施解决？

双面铣常见质量问题有漏铣、大刀花、边部毛刺大等质量问题。

消除漏铣措施：及时调节上下铣刀的位置，控制铣面深度。

消除大刀花措施：磨削或者装配后保证铣刀外圆和铣刀轴的同轴度要达到 ±0.02 mm；及时检查压料辊，避免压料辊跳动大；合理设定机列铣削速度和铣刀转速，一般情况下铣刀转速为 500 r/min，机列铣削速度为 8 m/min。

消除边部毛刺大措施：铣边前设置测宽装置，预设并调节左右铣刀的位置，控制铣边深度；带坯的两侧与铣刀中间分别设压紧辊夹紧以减少振动。

166. 铣面中带坯跳动的原因和控制方法是什么?

铣面中造成带材跳动的原因较复杂,主要有:通过在线矫直后,带材板形还较差;铣刀设计不合理、铣刀质量差及铣刀椭圆,铣刀轴承间隙过大有径向跳动,夹紧装置夹紧力不合理等。

为了减小带材铣面时的跳动,首先铣面带材的平直度通过在线矫直后要达到铣面直度要求,并通过夹紧或张力严格固定带坯,防止振动。另外严格控制铣刀质量,保证合理的余隙角;正确安装刀片,并保证刀刃平齐。机械方面要消除铣刀轴承间隙。有的铣面机为了预防带材的跳动,有意少许提高上铣刀支撑辊和降低下铣刀支撑辊的中心高度,使带材在铣面时形成弯曲,减小带材的跳动。

167. 板带轧制中鼓泡产生原因是什么?

鼓泡主要是由铸锭含气量高造成的。一方面可能是由于铸锭本身气孔、疏松等缺陷造成的,一方面可能是由于在铸锭加热的过程中,加热温度偏高,加热时间偏长使铸锭渗氧严重造成的。在轧制过程中,随着轧件变薄,气孔也发生延伸,当轧件轧到一定厚度时,气体的压力超过材料的屈服极限时,板带表面即会出现气泡和鼓包现象,如果继续轧制气泡或鼓包还可能破裂,产生起皮。也可能是铸锭表面质量差(如深且陡的冷隔等)或铣面时表面缺陷未消除、带坯划伤等,到轧制后期形成鼓泡和起皮。

鼓泡多呈条状,表面光滑,沿加工方向拉长,剖开后内壁呈光亮的金属色泽,个别伴生氧化物或其他夹杂。鼓泡大多两面对称分布,常出现在较薄的板带材中。

防止措施:①改善熔炼工艺,加强除气和熔体保护,防止二次吸气。②改善铸锭表面质量,减小冷隔,正确修理表面缺陷。③清理热轧辊道防止划伤带坯。④合理确定铣面量、进给速度,保持铣刀的良好状态,减小刀花。⑤严格按照工艺要求控制炉内气氛和温度。

图 5 -4、图 5 -5 为鼓泡典型示意图。

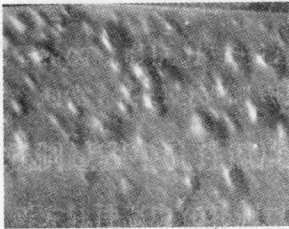

图 5 - 4　HPb59 - 1 鼓泡(1 ×)

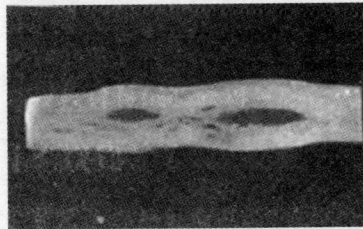

图 5 - 5　HPb59 - 1 鼓泡纵剖面(1 ×)

168. 铜合金板带材板型问题如何解决?

　　板型是铜及铜合金板带材质量控制的重要指标,产品板型的好坏直接影响到产品冲制质量、效率和产品成材率。铜合金板带材成品板型主要受成品轧制前来料板型、成品轧制工艺控制、成品精整过程等的影响。在实际生产中,针对轧件不同板型要求,及产品生产中存在的板型问题,往往可以通过轧制变形的调整和产品的精整处理来解决或改善板型。

　　①轧制过程中,可以通过调节单侧压下改变辊缝、调节液压弯辊抵消有害弯矩以及(多辊轧机)中间辊轴向调节提高轧机横向刚度等,解决轧制过程中的板型问题。

　　②轧至成品规格后,可通过拉弯矫直处理或去应力退火处理来解决产品板型问题。

　　③成品剪切后,可通过配合去应力退火工艺和拉弯矫直工艺降低材料残余应力,以改善成品板型。

169. 板型波浪是怎样形成的? 如何防止?

　　金属不均匀变形,导致轧制后产品外观的各种不平整现象称为板型波浪。常见的有"单边浪"、"双边浪"、"肋浪(双侧浪)"等。图 5 - 6所示为板型波浪示意图。

　　(1)"单边浪"

　　1)单边浪产生的原因:①坯料一边厚一边薄;②坯料退火不均;

③两边压下调整不一致；
④喂料不对中或轧件跑偏；
⑤两边冷却润滑不均匀；
⑥轧辊磨损不一样，或磨削
的辊型中心顶点偏离轧制中
心线。

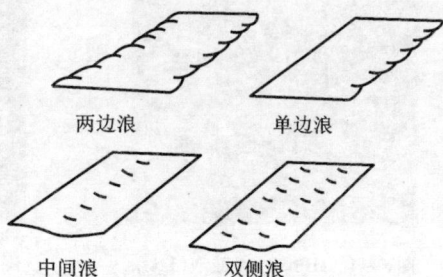

两边浪   单边浪

中间浪   双侧浪

图 5 - 6   板型波浪

2)消除措施：①控制好
来料横向公差；②坯料退火
要横向均匀；③润滑要延轧
辊辊面合理配置流量和强度；④轧辊要及时磨削更换；⑤坯料要对
中，操作要规范科学。

（2）"双边浪"

1)产生原因：①来料中间薄，两边厚；②轧辊凸度太小；③道次
压下量太大，而张力又太小；④冷却润滑中间强度太大。

2)消除措施：①控制好来料横向公差；②轧辊辊型配置要合理或
及时磨削更换；③适当减小道次压下量和增大后张力；④润滑要沿轧
辊辊面合理配置流量和强度。

（3）"肋浪"

1)"肋浪"产生的原因：①坯料横断面厚度不均或性能不均；
②辊型凸度呈梯形，与板宽不适应；③冷却润滑不均；④轧辊磨损严
重或压完窄料改压宽料时易出现；⑤道次加工率不合理；⑥液压弯辊
给定量不合理。

2)消除措施：①来料沿横断面的性能要保证均匀一致。②辊型
的磨削规范科学，避免梯形辊轧制。③规范轧制程序，严禁轧制窄料
后继续轧制宽料。④液压弯辊的给定量要和道次压下量合理搭配。
⑤润滑要根据轧制板型，沿轧辊辊面合理配置流量和强度。

170. 侧弯产生是怎样形成的？怎样解决？

（1）侧弯产生的原因

产生侧弯的原因有很多，对于热轧，主要的原因有：坯料的尺寸

公差及组织的不均匀性、加热温度的不均匀、轧制中心线偏移、轧辊的水平调整不良、两边压下量的调整偏差、轧制中的冷却不均等。对冷轧而言，主要有来料的尺寸、轧制中心线及轧辊调整不良以及变形的不均匀等；此外残余应力的影响也不可忽视。当带材纵向应力不均时，或者带材带有荷叶边或中部浪时，这些带材在经纵剪后多数会出现侧弯。

图 5 - 7 为侧弯缺陷示意图。

（2）解决侧弯的有效途径

①保证机械设备的精度。对轧制板带材来说，良好的机械设备精度，是控制板型的基础。这些精度的关键因素有：轧制中心线的偏移要小，轧辊的水平度调整要精确，各传动辊、偏导辊的平行性要好，开卷、卷取卷筒中心线

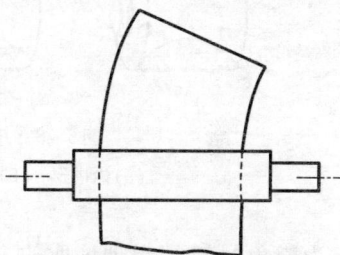

图 5 - 7　侧弯示意图

与轧辊的平行性要好。对热轧来说，良好的辊道精度与传动性能也是防止板带跑偏和侧弯的有力保证。

②对来料的控制。无论是热轧道次，还是冷轧道次，均应对上道工序的来料提出严格的要求。如果是热轧坯料，首先应保证断面尺寸的均匀和一致，尤其是要避免断面呈楔形；其次要保证内部组织的均匀和加热的温度均匀。如果是冷轧带材，主要是保证来料要卷齐、不应有错层和塔形，此外横向厚差要小。

③尽量避免轧制变形不均匀。经过轧制的带材，在离开变形区后，应是平坦的。如果在轧制过程中压下率沿带宽方向上分布不均，就会导致带材的某些部分从变形区出来的速度快于另一部分，这样就会出现带材各部分的长度不同，进一步的结果是导致带材出现瓢曲和侧弯。

171. 带卷"塔形"的成因？如何避免？

带材在卷取时卷不齐、卷不紧、卷取张力不稳定等均会产生带卷

"塔形"。形成原因一般如下：①来料横向公差明显偏大，造成带材轧制时偏离中心线（跑偏）。②来料料头宽大，歪斜，松头时造成跑偏。③辊缝或辊型调节不合理，造成带材跑偏。④张力大小不合适，波动，造成带材跑偏。图 5－8 为带卷"塔形"的典型图片。

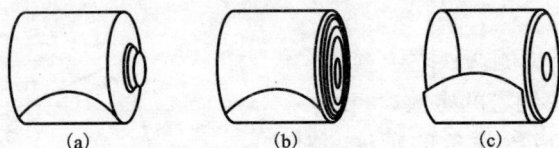

图 5－8   几种典型的"塔形"

(a)内塔形；(b)层间塔形；(c)外塔形

为避免"塔形"出现采取的主要措施一般如下：①热轧尽量对中，保证头尾（舌头）的均匀性（对称性），避免偏向一边。②热轧时调整好辊缝和辊型，确保带坯横向公差控制良好。③卷取时张力要合适、均匀。④轧制过程中出现轻微跑偏时，可及时调整两边压下来纠正，保证带卷的卷齐度。⑤在清洗、剪切等工序合理选择带材卷取张力，并通过控制带材卷取张力，满足带材卷齐度和恒张力卷取的要求。

172. 铜板带材表面缺陷有哪些？如何防止？

（1）铜板带材表面缺陷

国家标准（CB/T2059—2008）对铜及铜合金带材表面质量规定如下：带材的表面应光滑、清洁，不应有分层、裂纹、起皮、起刺、气泡、压折、夹杂和绿锈；允许有轻微的、局部的、不使带材厚度超出其允许偏差的划伤、斑点、凹坑、压入物、辊印、氧化色、油渍和水渍等缺陷。但实际生产中，往往因工艺、设备、操作等因素，造成产品因表面质量缺陷而报废或改制，其主要形式有以下几种。

①大起皮：带材表面产生大起皮，多来自锭坯自身的气泡、夹杂、裂纹等缺陷，这些缺陷是导致带材轧后出现大起皮的主要因素。

②压坑、孔洞：主要来自轧制过程中金属或非金属的压入，因压

入的程度不同而表现为压坑或孔洞。

③擦伤、划伤：铜合金带材在加工过程中，因带材层与层之间、带材与辊系间的相对运动导致带材表面出现擦伤、划伤缺陷。

④小起皮：该类缺陷多出现于 Cu－Fe－P 系列框架材料，起皮处多为富 Fe 的第二相，与基体性能差异较大，轧制过程中因变形应力大而引起。同时严重的擦伤、划伤也易在铜合金带材表面造成长条状小起皮。

⑤斑痕：该缺陷主要来自轧制介质的附着、压入和烘干处理工序等。

⑥针孔：带材生产过程中的划伤、啃伤及小颗粒异物压入等均会引起针孔缺陷的产生。

⑦裂纹：合金自身的偏析组织和内部疏松等易在带材表面以裂纹的形态出现。

（2）防止措施

①保证锭坯质量，杜绝不合格的锭坯流入加工工序。

②清洁化生产，采用自动清洁设备（去氧化皮装置等），提高职工质量意识，避免生产过程中金属或非金属异物压入。

③优化生产工艺和过料管理，减少材料表面磕碰伤、啃伤及擦伤、划伤等缺陷。

④加强介质管理，形成完善的检测、补加制度。

⑤提高企业管理水平及职工素质，实施全方位的质量管控，提升产品质量。

173. 板带材表面起皮的原因是什么？如何防止？

板带材表面局部破裂翻起称为起皮。起皮一般沿轧制方向呈连续的或断续的分布，起皮部位往往有氧化皮或其他污物、夹杂等。图 5－9 和图 5－10 所示为起皮的典型图片。

图 5 – 9   H65(1/2×)

图 5 – 10   T2(2/3×)

起皮产生的原因：①铸锭中的表面气孔、缩孔、冷隔等杂物，轧制过程暴露所致。②冷轧过程中长、短道划伤，后续轧制到一定程度产生起皮。③板带材表面粘着金属屑，后续轧制延伸部分复合，部分剥离产生起皮。

预防措施：①熔铸工序应充分除气、脱氧，防止产生铸锭气孔和疏松，控制表面冷隔和表面夹杂。②严格控制冷加工环节一切可能产生划伤的条件，特别是辊道、压板、张力辊等要光洁、卫生。

174. 带卷层间擦伤的原因是什么？如何避免？

带卷层间擦伤是带卷层间存在相对运动，发生滑动摩擦造成的。产生原因有以下几点：①双面铣后卷取捆扎不紧，压紧辊卸除后带卷弹性释放，造成带卷层间相对运动而擦伤。②上下工序张力不匹配，下道工序在张力作用下使金属层与层之间相对运动，造成表面擦伤。

图 5 – 11   H65 擦伤(1×)

③硬料捆带捆扎不紧在运输过程弹性回复会造成松卷擦伤，退火后由于应力释放也会造成表面擦伤。④带卷缠不齐，或导卫操作不当，在对中过程中使料横向窜动造成横向擦伤。

图 5 – 11 所示为擦伤的典型图片。

避免出现带卷层间擦伤的方法：①要避免带卷层间运动，选择合理的卷取张力，防止松卷、缠不紧现象。②选择合理的开卷张力，防止开卷带材在料卷上发生相对运动，产生摩擦。③制品要缠齐缠紧，捆带打紧，衬纸要衬到位，运输时使用专用吊具。

175. 如何防止板带材表面划伤？

加工过程中，板带材划伤的基本原因有两种：①板带材在加工、运输的传动中由其他物体的硬质尖棱所致，如辊道（包括压紧辊、张紧辊、矫直辊、托辊、导向辊）上粘结的铜或其他异物、破损的导（卫）板、粘有铜屑（氧化皮）的压板或压辊、护板上松动的螺栓，等等。②板带材与传动部件（如张紧辊、压紧辊、辊道）之间或带卷自身层与层之间发生相对错动，轻者称为擦伤，重者称为划伤。

图 5 - 12 所示为 T2 铜带划伤典型图片。

防止板带材表面划伤的措施：①经常检查一切与板带材表面接触的设备部件和工具，清除粘结的异物，修复其破损和磨损的地方，紧固埋头螺钉，更换毡垫等，防止辊道或其他接触部件坚硬物划伤。②正确调整张紧

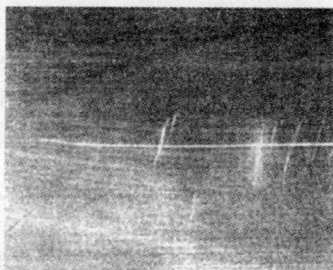

图 5 - 12 T2 划伤(1×)

力、压紧力；正确调整张紧辊、压紧辊、辊道的速度。防止轧件与设备发生过大张（压）紧力下的相对运动。③选择合适的开卷张力，避免开卷时张力过大使卷材层与层之间发生相对错动。④调整合适的剪切压板压力，避免压力过大产生划伤。⑤横剪时应避免板材从剪刃上拖过。

176. 铜材表面氧化的原因是什么？怎样防止？

板带材在较高温度下，与氧接触生成氧化物称为氧化。氧化后呈现深浅不同的氧化色，失去金属光泽，严重的出现氧化皮。

图 5 - 13 为铜材表面氧化的典型图片。

产生的原因主要是：①工序之间停留时间过程，轧制过程中的轧制油、乳液等对铜带材长时间的侵蚀产生的变色。②退火过程中因气氛或者其他工艺，铜合金板带材表面产生了氧化，在后

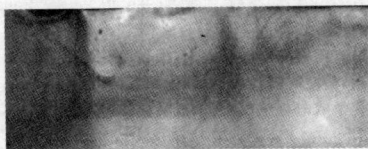

图 5 - 13   H65 带材表面氧化(1/3 ×)

续的酸洗、清洗过程中不能全部消除或未洗干净。③退火出炉温度高或在空气中暴露时间长，表面自然氧化。④轧件余温较高，卷取或堆垛后形成氧化。⑤成品带材温度过高，直接进行剪切后包装，造成包装后在密封的环境中吸入水汽或者潮湿空气，形成了氧化变色。⑥带材表面未作钝化处理，或处理效果不佳，在一定的温度和湿度条件下，铜合金板带材表面发生变色。

防止措施：①在冷变形加工(轧制、拉伸)后应及时转入清洗和热处理。②退火时采用气体保护，降低出炉温度。③加强工艺控制，避免轧件温度过高以及热料包装，成品必须进行钝化处理。

177. 铜材表面锈蚀的原因是什么？怎样防止？

板带材表面出现局部绿色斑痕锈迹现象称为绿锈，绿锈一般成片分布，轻微的出现点状或弯曲线条状，并伴有其他印痕，产品表面失去金属光泽。

铜材产生锈蚀原因有以下几方面：①乳液变质腐败造成铜材表面腐蚀。夏季温度过高，制品停放时间过长，会造成铜材表面腐蚀。乳液残留过多，在退火后会出现铜材表面锈蚀现象。②酸碱洗机列速度太快或水温太低，操作时参数给定不合适造成。酸碱液浓度太低，制品表面洗不净。③钝化剂未完全溶解，在制品表面残留，钝化剂浓度太低，不起作用，清洗后的制品停放一段时间后出现变色锈蚀。④清洗后烘干箱温度太低，制品表面水分未完全挥发，引起制品表面锈蚀。⑤生产过程加工率过大，速度过高，变形热大，造成制品边部氧化锈蚀。⑥包装材料水分过多或包装时制品太热，包装后制

品由于水分作用产生表面锈蚀。

图 5 - 14 为铜材表面锈
蚀的典型图片。

采取措施：①加强对乳
液、酸、碱、钝化剂管理，定
期检测其质量指标。②钝化
剂加入时，严格按规程操作，
使之充分溶解。③严格控制

图 5 - 14　T2 绿锈(1 ×)

清洗速度、水温，防止残酸、残碱对制品腐蚀。④包装时严禁热料包
装，使用干燥包装材料和干燥剂。⑤对紫铜类带材，工艺润滑冷却条
件一定时不可用大加工率高速轧制。

178. 如何防止铜材表面印痕、污斑?

板带材经轧制、热处理或放置一段时间后表面形成水印、油印、
乳液痕、酸碱水渍、斑点、污痕、黑点、黑丝等现象，统称为印痕、污
斑。

图 5 - 15 ~ 图 5 - 20 为表面印痕、污斑的典型照片。

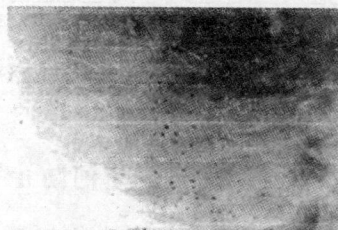

图 5 - 15　H65 黑点(1 ×)

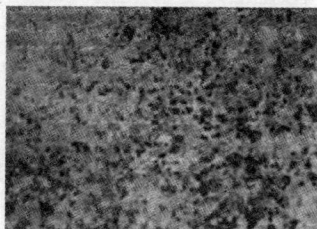

图 5 - 16　H70 斑点(1/2 ×)

产生的原因为板带材表面残留有水、油、乳液、酸、碱以及其他
污物，或者是产品长时间的放置，周围空气的潮湿或有害气体的腐蚀
也会产生水渍。

图 5 - 17   H65 污斑(1/3 ×)

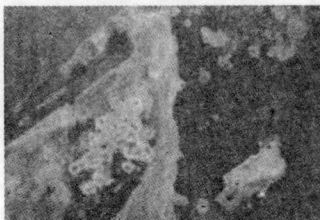

图 5 - 18   H65 酸水渍(1/3 ×)

图 5 - 19   H65 乳液痕(1/8 ×)

图 5 - 20   H65 水印(1/8 ×)

防止措施：①经过轧制的料要及时进入下一道工序，避免超时放置。②加强清洗，确保带材表面清洗干净。③在酸碱洗工序后进行烘干处理时保证烘干处理的工艺合理。④产品不应在空气中裸露时间太长等。

179. 铜板带材表面异物压入产生的原因是什么？如何防止？

金属或非金属压入板带材表面称为压入物。金属压入物与基体有明显分界面，轮廓清楚，有不同的金属光泽，呈点状、块状，剥离后形成凹坑；非金属压入物形态不一，颜色各异，多呈脆性，无金属光泽，呈点状、片状、长条状沿加工方向分布，不易剥离。

图 5 - 21 和图 5 - 22 为铜板带材异物压入的典型图片。

产生原因：①来料表面严重划伤，在轧制过程中冷却润滑不干净。②来料显微组织有微裂纹时，在氧化时，轧制成薄带时就会产生料的表面有黑印(氧化物)。③铣面时粘屑没有清理干净,在轧制过程中产生压入物。④坯料加热时,料的上、下表面在高温条件下加热会在炉膛内粘有耐火材料等脏物。⑤轧辊的表面粘有非金属脏物时,在高速轧制过程中机械油掉入带材表面,由于高温造成机械油的炭化,经过轧制造成异物压入。⑥在退火工序中铜板带表面粘有脏物时,进行轧制生产也会造成异物压入。⑦在剪切时由于剪刃上、压板或张力辊上粘有脏物可能造成表面异物压入。

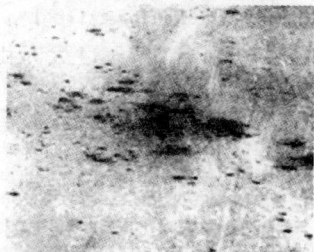

图 5-21 H62 压入物(2/3×) 图 5-22 T2 飞边压入物(2/3×)

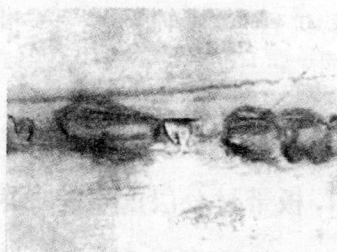

防止方法:①在整个加工生产过程中,保证与带材接触的设备、工具等的清洁,防止非金属或金属异物落入带材表面,造成异物压入。②在轧制过程中仔细检查来料,加工过程中观察料的表面。

180. 板带轧制的边部裂纹是如何产生的? 怎样预防?

(1)热轧边部裂纹

裂纹原因:①铸锭加热温度低;②金属塑性较差;③铸锭边部有组织缺陷;④热轧冷却强度大;⑤立辊辊边的时间不当;⑥辊型控制不好,出现边部附加拉应力产生裂纹;⑦终轧温度低。

消除措施:①根据合金特性改变加热和热轧工艺参数,适当提高铸锭出炉温度;②减少冷却润滑量;③提前一、二个道次使用立辊辊边;④适当提高终轧温度。

(2)冷轧边部裂纹

裂纹原因:①来料边部存在裂纹;②来料晶粒粗大;③道次加工

率大；④总加工率大；⑤轧制张力大。

消除措施：①切净来料边部
存在的裂纹。②减小道次加工率，
根据设备的不同一般道次加工率
不超过 30%。③冷轧到一定程度
要及时退火，紫铜及 H90 以上低
锌合金的总加工率可以超过
90%，其他合金的总加工率一般
不超过 80%，特别的甚至不超过

图 5-23 H62 边部裂纹(1×)

60%，如 HPb59-1 等。④合理控制轧制张力，避免张力过大时由于
边部缺陷的存在而产生边裂。

图 5-23 为边部裂纹的典型图片。

181. 板带材分层产生的原因是什么？

板带材经轧制后形成沿加工方向分布的缝隙称为分层。层与层
之间接触平整，面积较大，有些氧化物或夹杂，常出现在薄带材中或
薄带材经焊接后表现出来。

图 5-24 为铜合金带材分
层的典型图片。

分层产生的原因：①铸锭中
有气孔、缩孔、缩松、夹杂等缺
陷，经轧制后沿加工方向形成层
裂。②热轧道次压下量分配不
当，压下量过大。③铸锭加热不
均匀，加热温度过高或过低。

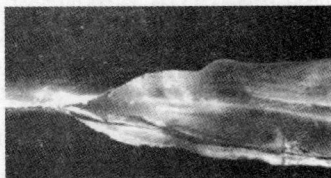

图 5-24 T2 分层(1/2×)

182. 板带表面粘结的原因是什么？怎样防止？

铜板带表面粘结是某些铜及铜合金薄带卷在退火工序产生的一
种缺陷，即带卷层与层之间粘连在一起了。开卷后，表面呈点状、片
状或条状伤痕称为撕裂。

图 5 -25 和图 5 -26 为典型图片。

图 5 -25　T2 粘结后撕裂的带卷(1/2 ×)

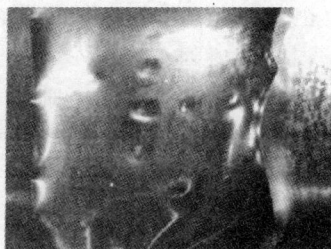

图 5 -26　T2 粘结撕裂点局部(1/5 ×)

表面粘结产生的原因：①带材的表面过于粗糙。②卷取张力过大，缠得太紧。③退火温度过高或者保温时间过长。④加热过程中加热不均匀，层与层之间受热的膨胀系数不一样。⑤冷却的过程中冷却速度较快，造成冷却的外卷与内卷之间收缩的系数不一样。

第②和第③是必要条件，加上第④、第⑤中的一个因素或二者同时存在，就会产生粘连。

消除措施：①在卷取时尤其是退火前最后卷取时张力要适中。②退火工序中要严格控制加热和冷却的速度。③适当降低退火温度或者缩短保温时间。④要适当增加轧辊的光洁度。

183. 铜材的"麻面"是怎样产生的？如何避免？

板带材表现出微小的点状凹陷不平的粗糙面称为麻面，麻面呈局部或连续成片分布，个别的称为麻点，严重的称为麻坑。晶粒粗大引起的麻面俗称橘皮。图 5 - 27 为麻面的典型图片。

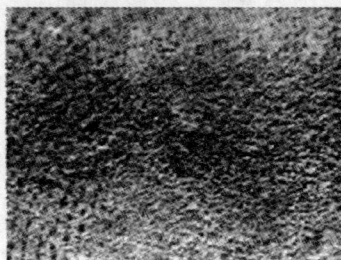

图 5 - 27　H65 麻面(5/7 ×)

麻面产生的原因：①酸洗

时酸液浓度高或者酸洗时间长。②高锌铜材退火加热中高温下保温时间长造成脱锌现象。③高温下保温时间过长，晶粒粗大。

防止措施：①新配制的酸液浓度较高，酸洗时间应短些；酸液使用一段时间后因水汽蒸发成分会变化，要定期抽样送检，及时调整。②酸洗的时间适当控制，避免过酸洗。③避免高锌铜材加热时高温下保温时间过长，或者采用还原性气氛进行保护，避免脱锌。④退火温度和保温时间要适当，防止因温度过高和在高温下保持时间过长而使得晶粒粗大。

184. 怎样防止轧制过程中断带？

铜带轧制过程中断带主要受来料质量、轧制工艺和设备状况影响，可以从这几个方面加强控制，来防止断带。

①坯料质量：控制来料内部组织，避免出现孔洞、裂纹、裂边等缺陷。

②轧制工艺：针对不同的合金，设计合理的轧制工艺，避免轧制过程中出现前张力过大或轧辊弯曲度不合理引起断带。

③其他因素：精细化生产，加强职工的技能水平和质量意识，避免人为原因造成带材跑偏或挤拉等引起断带。

185. 铜材脱锌的原因是什么？如何避免？

含锌铜合金板带材退火或酸洗后，表面出现灰白色或泛红色斑的现象称为脱锌。轻微脱锌出现上述色斑，严重脱锌发生显微组织变化。脱锌是黄铜最主要的腐蚀形式之一。脱锌腐蚀常出现在含锌较高(大于20%)的 α 黄铜，黄铜的脱锌主要有两种形式电化学反应脱锌和氧化脱锌。

由于锌的标准电位远远低于铜的标准电位，黄铜在一定的电介质(如海水、海洋性空气)等环境介质条件下，发生电化学反应，其中的锌原子呈阳极反应而溶解，产生脱锌。为了抑制电化学反应脱锌，可以采用降低锌含量(如 <15%)，或在黄铜中加入 0.03% ~0.05% As 或 P 或 Sb 等方法；另一方面也可采用改善铜材的使用环境，避免

电化学反应介质等。

图 5 - 28 为铜材脱锌的典型图片。

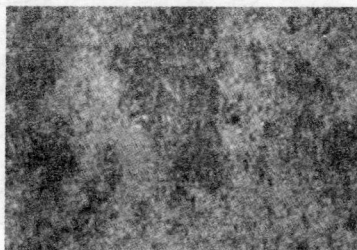

图 5 - 28　H65 脱锌(1/2×)

黄铜在高温氧化时也会产生脱锌现象。黄铜在高温下锌的蒸气压较高、易挥发。其实在高温氧化状态下，黄铜一方面存在严重氧化，一方面又存在脱锌，而氧化薄膜又可以抑止脱锌，因此黄铜在微氧化气氛的氮气或 CO_2 中退火，可以获得较好的表面质量。热处理时避免火焰直接喷到制品表面上，使表面锌熔化、挥发或氧化。酸洗时，避免酸液浓度过高，酸洗时间过长。

186. 产生铜带剪切压痕的原因是什么？如何防止？

铜带剪切过程中产生剪切压痕的原因较多，主要有：

①剪切中圆刀和橡胶剥离环的外径差是影响剪切质量的重要因素之一。橡胶环的主要作用是将带材从母刀中取出，并夹紧带材使纵切后的多条带材"流入"活套坑。当圆刀和橡胶剥离环的外径差不合理，为了夹紧带材必须向下压剪刃，造成剪切压痕；

②当橡胶剥离环的硬度不够，夹紧带材需要更大的力，使剪刃重叠量增加，也会造成剪切压痕。

要防止产生剪切压痕，主要要根据带材的厚度、软硬程度选择合理的圆刀和橡胶剥离环的外径差；橡胶剥离环的硬度满足所切带材的使用要求；当所切带材的宽度较小时，应合理选择圆刀的厚度，增大橡胶剥离环的宽度。

187. 铜合金带材边部毛刺产生的原因是什么？如何解决？

铜合金带材边部毛
刺产生于带材的剪切工
序。剪切时，材料上下
表面均承受剪切压力，
并经历从弹性变形、塑
性变形、变形裂纹到最
终断裂的一个过程。在
此过程中，材料的横断
面形成圆角带、光亮带
和断裂带如图 5 – 29 所

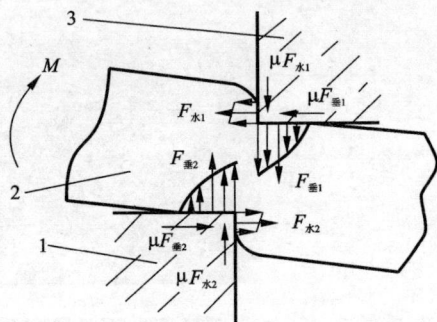

图 5 – 29   剪切断面

示。毛刺产生于断裂带。断裂带是剪切过程中材料在剪刃剪切应力
下由最初的微裂纹撕裂而来，断面粗糙，呈微小尖刺状或金属丝状。

解决方法：①保证剪切质量、剪床精度符合要求。②分弹性材料
和脆性材料，采取不同的剪切工艺，如剪切重叠量、剪切间隙。③采
用带材边部处理设备，对带材边部进行圆角或圆弧处理。

188. 怎样避免铜合金带材冲压时产生橘皮状缺陷？

铜合金带材在轧制变形过程中，各晶粒的某一晶向趋于与轧制
方向平行，或某一晶面趋于与轧制面平行，形成板织构。板织构使原
来位向杂乱的晶粒取向一致，导致材料出现各向异性。冲压过程中，
在材料表面受到相同拉应力的条件下，由于各向异性，在材料局部将
出现微小裂纹（弯曲部位较明显），外观类似于橘皮，称为橘皮缺陷。
橘皮缺陷同时与材料的内外晶粒度的均匀性有关，如表层晶粒细小、
中间晶粒粗大、不均匀，将降低材料的塑性，在冲压弯折过程中易出
现橘皮缺陷。

对于橘皮缺陷，可以通过再结晶退火，形成再结晶织构，与变形
织构重叠，使材料各个方向性能基本保持一致，即各项同性，以避免
材料在冲压过程中产生橘皮缺陷。

参考文献

[1] 重有色金属材料加工手册编写组. 重有色金属材料加工手册[M]. 北京：冶金工业出版社, 1979

[2] 钟卫佳, 马可定, 吴维治. 铜加工技术实用手册[M]. 北京：冶金工业出版社, 2007

[3] 李宏磊, 娄花芬, 马可定. 铜加工生产技术问答[M]. 北京：冶金工业出版社, 2008

[4] 赵祖德. 铜及铜合金材料手册[M]. 北京：科学出版社, 1993

[5] 田荣璋, 王祝堂. 铜及铜合金加工手册[M]. 长沙：中南大学出版社, 2002

[6] 王碧文, 王涛, 王祝堂. 铜合金及其加工技术[M]. 北京：化学工业出版社, 2006

[7] 刘培兴, 刘晓瑭, 刘会鼐. 铜与铜合金加工手册[M]. 北京：化学工业出版社, 2008

[8] 徐耀祖. 金属学原理[M]. 上海：上海科学技术出版社, 1964

[9] 娄花芬. 铜及铜合金板带生产[M]. 长沙：中南大学出版社, 2010.

[10] 龚寿鹏. 我国铜板带箔材产品生产现状及发展[C]//2012 年中国有色金属加工行业技术进步产业升级大会论文集. 贵阳, 2012：226~227

[11] 兰利亚, 李耀群, 杨海云. 铜及铜合金精密带材生产技术[M]. 北京：冶金工业出版社, 2009

[12] 丁惠麟, 辛智华. 实用铝、铜及其合金金相热处理和失效分析[M]. 北京：机械工业出版社, 2007

[13] (德)马图哈. 非铁合金的结构与性能[M]. 丁道云译. 北京：科学出版社, 1999

[14] 高强. 最新有色金属金相图谱大全[M]. 北京：冶金工业出版社, 2005

[15] 虞觉奇，易文质，陈邦迪，等.二元合金状态图集[M].上海：上海科学技术出版社，1987

[16] 刘淑云.铜及铜合金热处理[M].北京：机械工业出版社，1990

[17] 向觉安.铜及铜合金板带材生产热处理炉及工艺评价[J].铜加工，1999(75)

[18] 刘平，任凤章，贾淑果，等.铜合金及其应用[M].北京：化学工业出版社，2007

[19] 采列科夫.轧制原理手册[M].王光智译.北京：冶金工业出版社，1989

[20] 路俊攀，李湘海.加工铜及铜合金金相图谱[M].长沙：中南大学出版社，2010

[21] 李名洲.铜及铜合金板带的加工和应用[J].铜加工，1984(2)：1~256

[22] 兰利亚.铜板带生产技术的发展[J].铜加工年会论文集.1993(6)：17~24

[23] 王碧文.论我国铜加工工业重点攻关方向[J].铜加工，1999(1)：4~8

[24] 杨海云.我国铜加工行业近况和发展调查[J].铜加工行业进展专题讨论.1987：3~29

[25] 王国栋.板形控制和板形理论[M].北京：冶金工业出版社，1986

[26] 娄燕雄.轧制板形控制技术[M].长沙：中南工业大学出版社，1993

[27] 兰利亚，杨海云.铜板带轧制中的板形及板形控制[M].铜加工，1994(4)：50~57

[28] 李宏磊，兰利亚.锡磷青铜板带材生产技术的发展[J].铜加工研究，2003(2)：14~18

[29] 程镇康.锡磷青铜带生产技术的发展和几个关键问题的评述[C]//中国电子材料行业协会，中国有色金属加工工业协会.高精度铜带暨电子工业用铜材技术与应用研讨会文集，2004：16~23

[30] 李耀群.我国铜板带行业生产及技术设备状况分析[C]//中国有色金属加工工业协会，中国重型机械工业协会，中国铜板带箔生产技术及市场研讨会文集，2004：9~13

[31] 兰利亚，秦光文.拉弯矫直技术在铜带生产中的应用[C]//中国有色金属加工工业协会，中国重型机械工业协会，中国首届铜铝加工装备研讨会文集，2007：81~85